Die neue Anlagenbuchhaltung in SAP® S/4HANA

Michael Eckel
Nergiz Köksal

Willkommen bei Espresso Tutorials!

Unser Ziel ist es, SAP-Wissen wie einen Espresso zu servieren: Auf das Wesentliche verdichtete Informationen anstelle langatmiger Kompendien – für ein effektives Lernen an konkreten Fallbeispielen. Viele unserer Bücher enthalten zusätzlich Videos, mit denen Sie Schritt für Schritt die vermittelten Inhalte nachvollziehen können. Besuchen Sie unseren YouTube-Kanal mit einer umfangreichen Auswahl frei zugänglicher Videos:

https://www.youtube.com/user/EspressoTutorials.

Kennen Sie schon unser Forum? Hier erhalten Sie stets aktuelle Informationen zu Entwicklungen der SAP-Software, Hilfe zu Ihren Fragen und die Gelegenheit, mit anderen Anwendern zu diskutieren:

http://www.fico-forum.de.

Eine Auswahl weiterer Bücher von Espresso Tutorials:

- Claus Wild: Neuerungen im Kontoauszug in SAP® ERP – 2., erweiterte Auflage *http://5115.espresso-tutorials.com*
- Stephan Eichenberg, Karl-Heinz Sahm: Anwenderhandbuch FI-CAX (SAP®-Debitorenbuchhaltung) – 2., erweiterte Auflage *http://5195.espresso-tutorials.de*
- Marc Müller: Praxishandbuch SAP®-Zahllauf – 2., erweiterte Auflage *http://5249.espresso-tutorials.de*
- Claus Wild: Praxishandbuch Cash Management in SAP S/4HANA Finance *http://5250.espresso-tutorials.de*
- Karlheinz Weber: Schnelleinstieg ins Finanzwesen (FI) mit SAP® S/4HANA *http://5339.espresso-tutorials.de*
- Robin Schneider: Praxishandbuch SAP®-Geschäftspartner (Business Partner) – Funktionen und Integration in SAP® S/4HANA – 2., erweiterte Auflage *http://5468.espresso-tutorials.de*

Bibliografische Information der Deutschen Nationalbibliothek
Die Deutsche Nationalbibliothek verzeichnet diese Publikation in der Deutschen Nationalbibliografie; detaillierte bibliografische Daten sind im Internet unter *http://portal.dnb.de* abrufbar.

Michael Eckel, Nergiz Köksal
Die neue Anlagenbuchhaltung in SAP® S/4HANA

ISBN: 978-3-960126-44-7

Lektorat: Anja Achilles

Korrektorat: Die Korrekturstube

Coverdesign: Philip Esch

Coverfoto: © industrieblick | ID 71274181 – stock.adobe.com

Satz & Layout: Johann-Christian Hanke

1. Auflage 2020

URL: *www.espresso-tutorials.de*

Feedback:
Wir freuen uns über Fragen und Anmerkungen jeglicher Art. Bitte senden Sie diese an: *info@espresso-tutorials.com*.

Inhaltsverzeichnis

Vorwort

Die zunehmende Vernetzung und Globalisierung – insbesondere im Finanzbereich – stellt ERP-Systeme heute vor vielfältige Herausforderungen: Steigende Datenmengen und erhöhte Anforderungen an Regulation und Prozessintegration, einhergehend mit wachsender Komplexität, zwingen Softwarehersteller, ihre Lösungen zu überdenken bzw. teilweise neu zu gestalten. Die SAP hat dieser Entwicklung gleichfalls Rechnung getragen und die Unternehmenssoftware R/3 einem umfassenden Redesign unterzogen. Die überarbeitete Version wird aktuell unter dem Namen SAP S/4HANA vermarktet und stetig weiterentwickelt.

Das Modul »Anlagenbuchhaltung« wurde nach den Modulen »Finanzbuchhaltung« und »Materialwirtschaft« erstmals vor rund 40 Jahren von der SAP vorgestellt. Mit Ausnahme einiger Anpassungen im Zuge der Einführung des neuen SAP-Hauptbuchs im Jahr 2004 blieb die Anlagenbuchhaltung bis 2012 in ihren Kernfunktionalitäten nahezu unverändert. Erst die Einführung von SAP ERP 6.0 mit dem Erweiterungspackage EHP7 führte zu der aktuellen Version mit dem Namen »Neue Anlagenbuchhaltung«, die wesentliche Neuerungen mit sich brachte.

Speziell mit Einführung von S/4HANA Finance im Jahr 2015 kam es zu weitreichenden technischen Modifikationen im Datenmodell und einer bedeutenden Erhöhung der Geschwindigkeit beim Ausführen der Transaktionen. Dabei wurden nicht nur die Strukturen im Finanzbereich, sondern im gesamten ERP-System optimiert, um die Vorteile der neuen Datenbank SAP HANA noch besser nutzen zu können.

Über dieses Buch

Dieses Buch erklärt die Grundfunktionen und wichtigsten Prozesse der neuen Anlagenbuchhaltung in SAP S/4HANA.

Im ersten Kapitel gehen wir zunächst auf die wichtigsten Merkmale von SAP S/4HANA ein. Das darauffolgende Kapitel verschafft Ihnen einen

Überblick über die Anlagenbuchhaltung in dieser Echtzeit-ERP-Suite. Es erläutert die wesentlichen organisatorischen und technischen Veränderungen, die sich mit deren Einführung ergeben haben, und welche Auswirkungen diese auf das Customizing und die Altdatenübernahme haben.

Kapitel 3 und 4 stellen die wichtigsten Geschäftsprozesse und Buchungsvorgänge im Rahmen der aktuellen Systemversion SAP S/4HANA 1809 dar.

Im fünften Kapitel »Abschlussarbeiten und Auswertungen in der neuen Anlagenbuchhaltung« geben wir Ihnen einen Eindruck von der »User Experience« mit der neuen Oberflächentechnologie SAP Fiori sowie den daraus resultierenden, vereinfachten Anwendungsmöglichkeiten aus Sicht der Anlagenbuchhaltung.

Das abschließende Kapitel 6 beschreibt die unterschiedlichen Migrationsansätze und gibt Ihnen gezielte Hinweise auf die zentralen Tätigkeiten rund um die Migrationsthematik.

Im Anhang werden Ihnen die wichtigsten Änderungen in SAP S/4HANA anhand der entsprechenden SAP-Tabellen und -Transaktionen nochmals in übersichtlicher Form dargestellt.

Zielgruppe

Dieses Buch soll den Einstieg in und den Wechsel auf die Anlagenbuchhaltung in SAP S/4HANA erleichtern. Es dient Key-Usern, Anwendern und Projektleitern ebenso wie Beratern als profunde Grundlage für ihre Arbeit mit der neuen SAP-Anlagenbuchhaltung.

Für das Verständnis werden SAP-Basiswissen sowie elementare Kenntnisse der Finanzbuchhaltung vorausgesetzt.

In den Text sind Kästen eingefügt, um wichtige Informationen besonders hervorzuheben. Jeder Kasten ist zusätzlich mit einem Piktogramm versehen, das diesen genauer klassifiziert:

Hinweis

Hinweise bieten praktische Tipps zum Umgang mit dem jeweiligen Thema.

Beispiel

Beispiele dienen dazu, ein Thema besser zu illustrieren.

Achtung

Warnungen weisen auf mögliche Fehlerquellen oder Stolpersteine im Zusammenhang mit einem Thema hin.

Die Form der Anrede

Um den Lesefluss nicht zu beeinträchtigen, wird im vorliegenden Buch bei personenbezogenen Substantiven und Pronomen zwar nur die gewohnte männliche Sprachform verwendet, stets aber die weibliche Form gleichermaßen mitgemeint.

Hinweis zum Urheberrecht

Sämtliche in diesem Buch abgedruckten Screenshots unterliegen dem Copyright der SAP SE. Alle Rechte an den Screenshots hält die SAP SE. Der Einfachheit halber haben wir im Rest des Buches darauf verzichtet, dies unter jedem Screenshot gesondert auszuweisen.

1 Einführung in SAP S/4HANA

In diesem Kapitel wird Ihnen zunächst die neue Technologie SAP S/4HANA kurz vorgestellt. Dabei werden wir insbesondere näher auf die technologischen Veränderungen der IT-Architektur und Tabellen eingehen. Eine Darstellung der sich daraus ergebenden Chancen und Risiken runden dieses Kapitel ab.

In traditionellen SAP-Anwendungen hat man es oft mit großen Datenmengen zu tun. Denken Sie nur an die Vielzahl von Rechnungen und Belegen, die im Finanzwesen tagtäglich entstehen, oder an die Datenberge, die im Controlling zu bewältigen sind. Dann wird einem klar, wie anspruchsvoll die Handhabung dieser komplexen Strukturen im Finanzwesen ist.

Und genau aus diesem Grund wurde die neue, einheitliche SAP-S/4HANA-Datenbank, die In-Memory-Technologie für das Datenmanagement, entwickelt. Hierfür wurde die Unternehmenssoftware R/3 einem umfassenden Redesign unterzogen. Der Umstieg auf S/4HANA ist daher weitaus mehr als ein Upgrade auf eine aktuellere Version: Die neue Technologie bietet an vielen Stellen eine Verbesserung und deutliche Vereinfachung.

Unter Ausnutzung neuartiger Datenbanktechnologien entstand ein vereinfachtes Datenmodell, wodurch die Performance deutlich gesteigert werden konnte. Darüber hinaus wurden neue Funktionen und Benutzerinterfaces entwickelt.

Somit stellt SAP S/4HANA einen Paradigmenwechsel in der IT-Landschaft dar. Die Performancevorteile, die SAP S/4HANA bietet, sind mithilfe herkömmlicher Datenbanksysteme nicht erreichbar.

In diesem Kapitel möchten wir Ihnen Basiswissen zu SAP HANA vermitteln und die mit der neuen Datenbank verbundene Notwendigkeit erklären, Daten im Finanzwesen anders als bisher zu bearbeiten und abzulegen, um eine rasche Verarbeitung des Datenflusses sicherzustellen.

Zunächst möchten wir kurz auf die neue In-Memory-Technologie der SAP eingehen und aufzeigen, wie diese ein tiefgreifendes Umdenken in der IT-Architektur ermöglicht.

1.1 In-Memory-Technologie

Die neue In-Memory-Technologie steht für eine extrem schnelle Analyse und Aggregation großer Datenmengen bedingt durch die folgenden Features:

- **Datenablage im Arbeitsspeicher**
  Die Daten werden im Hauptspeicher des Servers und nicht auf der Festplatte gespeichert (*in memory*). Dies bietet den Vorteil einer schnelleren Selektion und Suche der Daten, da das mühselige Lesen der Daten von der Festplatte entfällt.
- **Spaltenorientierung**
  Die Bewegungsdaten werden nach Spalten und nicht nach Zeilen angeordnet. Um mit einer großen Datenaggregation über Regionen und Länder hinweg arbeiten zu können, ist die neue Spaltenorientierung sehr wichtig.
- **Komprimierung der Daten**
  Da sie komprimiert werden, können wesentlich mehr Daten auf SAP S/4HANA gespeichert werden als auf einer herkömmlichen Datenbank.
- **Parallele Verarbeitung**
  Die Parallelverarbeitung der Daten wird optimal genutzt. Dies bedeutet, dass die Verfahren, wie z. B. eine Top-down-Verteilung der Kosten auf die jeweiligen Empfänger, in Multiprozessorkernen anders paketiert und dadurch die Vorgänge immens beschleunigt werden.

1.2 Neue Architekturansätze

Mit der Verfügbarkeit der neuen Datenbank war die Zeit gekommen, die Architektur des SAP-Moduls FI zu überdenken, um von den Vorteilen von SAP S/4HANA zu profitieren. Es folgte vor allem eine Standardisierung der Datenmodelle. Die Entwicklung von SAP HANA machte die Indextabellen im Finanzwesen überflüssig. Sie wurden durch Views ersetzt, um weiterhin ein problemloses Arbeiten einiger Programme zu gewährleisten. Dies bedingt eine drastisch schlankere und übersichtlichere Systemarchitektur mit folgenden Merkmalen:

- **Abschaffung der Summensätze**
  Mit SAP S/4HANA wird im Finanzwesen auf die Summensätze verzichtet. Um sicherzustellen, dass keine Programme »ins Leere« greifen, bietet SAP sogenannte *Compatibility Views* für alle abgeschafften Summensätze an.

  Die abgelösten Summensatztabellen sind GLT0, GLT3, FAGLFLEXT, KNC1, KNC3, LFC1, LFC3, COSP und COSS. Während der Migration auf SAP S/4HANA werden die existierenden Summensätze in Backuptabellen fortgeschrieben. Wir werden das Thema »Migration nach SAP S/4HANA« in Kapitel 6 näher behandeln.

- **Abschaffung der Indextabellen**
  Mit der neuen Technologie werden auch die Indextabellen wie etwa BSIS, BSAS, BSID, BSAD, BSIK, BSAK, BSIM sowie FAGLBSIS und FAGLBSAS überflüssig. Da viele Programme noch auf diese Indextabellen zugreifen, wurden hier ebenfalls alternative Views bereitgestellt.

- **Neue Tabelle**
  Im Finanzwesen ist die SAP noch einen Schritt weitergegangen und hat alle Bewegungsdaten optimiert sowie in einer breiteren Tabelle vereint. D.h., dass alle transaktionalen Tabellen des Haupt- und Anlagenbuches, des Controllings, der Ergebnisrechnung und des Material-Ledgers zu einem *Universal Journal* (Tabelle ACDOCA) zusammengefasst sind.

- **Integration des Geschäftspartneransatzes**
  Die Stammdatensichten (Allgemein, Buchungskreis, Einkauf/ Verkauf) sind nun auf verschiedene Geschäftspartnerrollen aufgeteilt. In der Rolle »Allgemeiner Geschäftspartner« werden die allgemeinen Daten erfasst. Es besteht zudem die Möglichkeit, die unterschiedlichen Nummernkreise von Debitoren und Kreditoren in einem Nummernkreis zusammenzuführen.
- **Vereinfachte Funktionen**
  - Vollständige Harmonisierung des kompletten Buchungsvolumens zwischen dem Finanzwesen und dem Controlling – Stichwort »Nur eine Wahrheit«.
  - Es wird eine Realtime-Integration des Anlagenbuches mit dem Hauptbuch für alle Bewertungsbereiche sowie zusätzlich für alle Anlagenbewegungen erreicht.
  - Für Rückstellungen sind z. B. neben klassischen Basis-Ledgern auch Extension-Ledger auf der Grundlage von Basis-Ledgern verwendbar.
  - Sie haben jetzt die Möglichkeit, pro Ledger eine separate Buchungsperiodenvariante mit bis zu drei Festwährungen zusätzlich zu nutzen.
  - Durch Cockpitunterstützung (siehe Kapitel 6) wird beispielsweise mehr Flexibilität gewährt, und zwar bei der Erweiterung des Rechnungswesens, bei zusätzlichen parallelen Rechnungslegungen über Spezielle Ledger sowie bei der Abbildung von Segmentbilanzen durch die nachträgliche Aktivierung des Belegsplits.
  - Diverse Monatsabschlussprogramme, wie z. B. Fremdwährungsbewertung, Abschreibungslauf, Abrechnungsprogramme im Controlling, Saldenvortrag zum Jahreswechsel, wurden hinsichtlich ihrer Buchungslogik und Performance optimiert.

Im nächsten Abschnitt werden wir auf die Chancen und Risiken eingehen, die sich aus dem Einsatz von SAP S/4HANA ergeben können.

1.3 Chancen und Risiken

Die nachstehende Grafik gibt einen Überblick über die Änderungen und wägt die Chancen gegen Risiken ab, die sich aus einem Umstellungsprojekt ergeben können (siehe Abbildung 1.1).

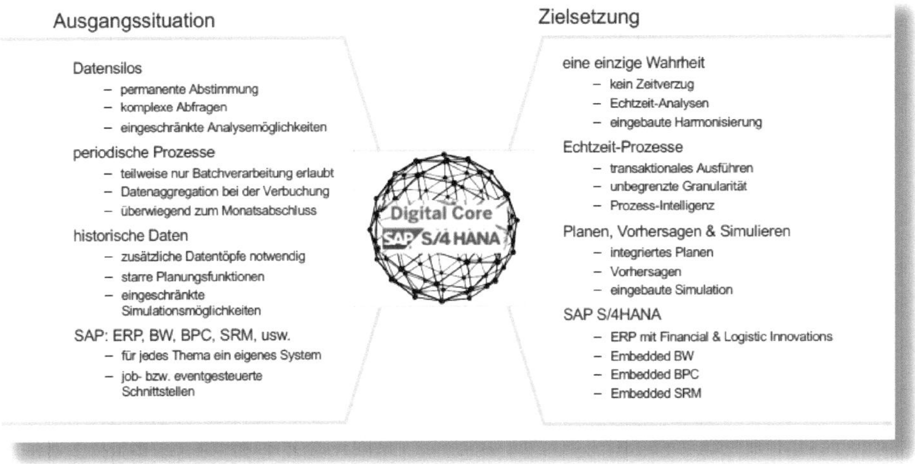

Abbildung 1.1: Ausgangssituation – Zielsetzung[1]

Die Vorteile, die durch die Einführung von SAP S/4HANA entstehen, werden hier noch einmal kurz zusammengefasst:

- Geschäftsabläufe in Echtzeit
- »Principle of one«: Best Practices & Minimierung der Individualprogrammierung
- Vereinfachung des technischen Datenmodells
- Reduzierung des Datenvolumens (Aggregate, Indizes und Redundanzen)
- Verbesserung der Systemperformance

[1] Stellwerk Consulting: »SAP S/4HANA – Nice-To-Know«, *https://www.stellwerk.net/uploads/pics/SAP_S4HANA_04.pdf* (aufgerufen am 20.03.2020).

- Intelligentes ERP (Lösungsvorschläge bei roten/gelben Ampeln, automatische Umlagerung bei verspäteter Lieferung, Spracherkennung SAP CoPilot etc.)

Wir sehen aber auch potenzielle Risiken:

- Projektkosten für die Migration auf SAP S/4HANA und den parallel laufenden Betrieb sind höher als geplant
- Gesteigerte Hardwareanforderungen (insbesondere Arbeitsspeicher) können sein:
  - Prozessuale Risiken, die sich z.B. durch mangelndes Know-how der Mitarbeiter ergeben
  - Hoher technischer Veränderungsgrad im Unternehmen/ »Moving Targets« im SAP-S/4HANA-Funktionsumfang, d.h., der Umstieg auf die neue Technologie und ihre Gegebenheiten sowie unausgereifte Module stellen die Mitarbeiter vor enorme Herausforderungen
- Technische Risiken (Migration, Schnittstellen, Berechtigungen, Programmierung)

2 Anlagenbuchhaltung in SAP S/4HANA – Überblick

Dieses Kapitel gibt Ihnen einen Überblick über die neue Anlagenbuchhaltung in SAP S/4HANA. Wir beleuchten die funktionalen Änderungen (inklusive neues Datenmodell) sowie deren Auswirkungen auf die bestehenden Customizing-Einstellungen und die Altdatenübernahme.

2012 hat die SAP im Zuge der Einführung von SAP ERP EHP7 die neue Anlagenbuchhaltung vorgestellt. Sie wurde entwickelt, da der Rechnungslegungsstandard US-GAAP in den USA kaum mehr eine Rolle spielte und stattdessen zunehmend IFRS zum Einsatz kam. Zudem haben sich die beiden Rechnungslegungsvorschriften inhaltlich weitgehend angenähert. Eine Rechnungslegung nach IFRS, US-GAAP, HGB und Steuerrecht wurde bis dato von der Anlagenbuchhaltung mittels verschiedener Bewertungsbereiche unterstützt.

Aufgrund der oben beschriebenen Entwicklung wurde es essenziell, die führende Bewertung in der Anlagenbuchhaltung einfach wechseln zu können.

In der alten Anlagenbuchhaltung war dieser Wechsel nur durch einen Bewertungsbereichstausch mittels *SAP System Landscape Optimization (SLO)* möglich. SLO beschreibt technisch gestützte Verfahren für die Anpassung der SAP-Systemlandschaft. Sie besteht aus einer Gruppe von Produkten und Services, mit denen Daten- und Organisationsstrukturen in SAP direkt auf der Datenbank geändert werden können. Seit 2016 heißt SLO *Data Management & Landscape Transformation (SLT)*.

An dieser Stelle wollen wir uns nicht näher mit diesem Thema beschäftigen und gehen zu den wichtigsten Neuerungen in der Anlagenbuchhaltung über.

Neben der erhöhten Geschwindigkeit und Performance der Transaktionen und Programme – d. h. keine doppelte Datenhaltung mehr, weil die relevanten Informationen aus den zentralen Tabellen ermittelt werden – ermöglichen die meisten Verbesserungen in der Neuen Anlagenbuchhaltung, die verschiedenen Rechnungslegungsgrundsätze effizienter zu buchen und zu berichten.

Die wesentlichen Neuerungen sind:

- Der Bewertungsbereich 01 ist nicht mehr fest mit dem führenden Ledger verbunden. Dies hat den Vorteil, dass die Buchungen aller Bewertungen nachvollziehbar sind, ohne wie zuvor die Buchungen der führenden Bewertung berücksichtigen zu müssen.
- Die bisherigen Delta-Bewertungsbereiche werden nicht mehr benötigt. Daraus ergibt sich eine Vereinfachung des Bewertungsplans. Bis dato benötigte eingeschränkte Bewegungsarten für bestimmte Anlagenbuchungen entfallen ebenfalls. Sie werden durch bewertungsspezifische Buchungen auf Ledger-Gruppen ersetzt. Die Einschränkung auf den Bewertungsbereich erfolgt bei Anlagenbuchungen nun durch die Mitgabe einer Ledger-Gruppe, d. h., wir erhalten eine echte ledgergruppenspezifische Buchung.
- Bisher musste die zweite und dritte Hauswährung aus dem Hauptbuch nicht unbedingt in der Anlagenbuchhaltung fortgeschrieben werden. Mit der neuen Anlagenbuchhaltung ist dies nun zwingend erforderlich.
- Dies bedeutet, dass jeder weiteren parallelen Hauswährung ein Bewertungsbereich in der Anlagenbuchhaltung zugewiesen werden muss.

Die neue Anlagenbuchhaltung wird nur ab dem neuen Hauptbuch unterstützt. Die Nutzung des neuen Hauptbuches hat für Sie den Vorteil, dass sie die Umstellung auf SAP S/4HANA erleichtert. Bei der Migration sollten Sie allerdings beachten, dass unter dem neuen Hauptbuch die neue Anlagenbuchhaltung nur die Ledgerlösung unterstützt.

SAP S/4HANA hat in der Anlagenbuchhaltung noch zu folgenden weiteren Anpassungen geführt:

- Im Zuge der Verschmelzung der Anlagenbuchhaltung mit dem Hauptbuch bildet nun das *Universal Journal* (Tabelle ACDOCA) die Grundlage für die einzelpostenbasiert Speicherung aller Beleginformationen.
- Die aus der neuen Anlagenbuchhaltung vor S/4HANA bekannten Buchungstransaktionen werden von Ledger-Gruppen auf Rechnungslegungsvorschriften umgestellt.
- Mit den Fiori-Apps werden neue Reportingmöglichkeiten zur Verfügung gestellt.

Nach diesem ersten Überblick über die wesentlichen Innovationen in der neuen Anlagenbuchhaltung stellen wir Ihnen in den nachfolgenden Abschnitten die aktuellen Veränderungen im Detail vor.

2.1 Organisationsstruktur

In diesem Abschnitt wollen wir uns die Organisationsstruktur und die Stammdaten der neuen Anlagenbuchhaltung in SAP S/4HANA näher anschauen. Im Prinzip bleiben dieselben Organisationsobjekte wie bisher bestehen, nämlich der *Bewertungsplan*, der *Bewertungsbereich* sowie die *Anlagenklasse*.

Alle Anlagen im System müssen den Ausprägungen dieser Organisationsobjekte eindeutig zugeordnet werden.

Auf diese Weise können Sie

- anlagenbuchhalterisch relevante Organisationsstrukturen abbilden und
- Ihr Anlagevermögen nach anlagenbuchhalterischen Kriterien klassifizieren.

2.1.1 Bewertungsplan

In SAP S/4HANA werden die verschiedenen Rechnungslegungsvorschriften und Abschreibungsmethoden sowie gesetzlichen Anforderungen für ein bestimmtes Land weiterhin unter dem Dach eines *Bewertungsplans* zusammengefasst. Basierend auf den länderspezifischen gesetzlichen Anforderungen liefert die SAP für die meisten Länder einen Musterbewertungsplan mit vordefinierten Standardbewertungsbereichen aus. Darüber hinaus können Sie für ein bestimmtes Land auch mehrere Bewertungspläne erstellen, falls es unterschiedliche betriebswirtschaftliche Ansprüche zu erfüllen gibt.

Die Musterbewertungspläne sind u. a. für folgende Länder verfügbar:

- USA
- Spanien
- Großbritannien
- Österreich
- Schweiz
- Deutschland

Sie enthalten lediglich Bewertungsbereiche nach dem lokalen Recht. Falls es geboten ist, können noch Bewertungsbereiche gemäß den internationalen Rechnungslegungsvorschriften hinzugefügt werden.

Die ausgelieferten länderspezifischen Bewertungspläne – beispielsweise für Deutschland und die USA – enthalten u. a. Standardbewertungsbereiche für

- die Bewertung nach lokalem Recht,
- die steuerrechtliche Bewertung,
- die kalkulatorische Bewertung,
- für Sonderposten und
- Investitionsförderungen.

Diese Standardbewertungsbereiche stellen einen Referenzsatz dar, der aus Sicht der SAP alle betriebswirtschaftlich und rechtlich denkbaren Erfordernisse abdeckt.

Diese Referenzbewertungspläne dienen allerdings nur als Referenz und sind somit nicht direkt nutzbar. Da Sie beim Hinzufügen eines Bewertungsbereichs immer auf einen bereits vorhandenen Bewertungsbereich Bezug nehmen müssen, sollten Sie Standardbewertungsbereiche nur nach sorgfältiger Prüfung löschen. Verzichten Sie im Zweifelsfall auf Letzteres und deaktivieren Sie stattdessen nicht benötigte Standardbewertungsbereiche in der Anlagenklasse. Mit der Thematik der Anlagenklasse werden wir uns im Abschnitt 2.2 näher beschäftigen.

Falls Sie einige Bewertungsbereiche nicht benötigen, können Sie diese entfernen. Allerdings gelten für den zu löschenden Bewertungsbereich folgende Voraussetzungen:

- Der führende Bewertungsbereich einer Bewertung, der »realtime« bzw. zeitgleich in das Hauptbuch bucht, darf nicht gelöscht werden.
- Der zu löschende Bereich darf kein Referenzbereich für einen anderen Bereich sein, woraus folgt, dass kein anderer Bewertungsbereich von dem zu löschendenBewertungsbereich Werte und/oder Parameter übernehmen darf.
- Der zu löschende Bereich darf keine Grundlage für die Aufbauformel eines abgeleiteten Bereichs bilden. Eventuell muss die Aufbauformel geändert oder der abgeleitete Bereich zuerst gelöscht werden.
- Es darf kein Mitbuchen seiner Bestandswerte im Hauptbuch erfolgen.
- Wenn es sich um einen Bereich für Investitionsförderungen handelt, müssen Sie zunächst alle Förderschlüssel entfernen, die auf diesen Bereich verweisen. Dadurch löscht das System einen zum Löschen markierten Bewertungsbereich im Bewertungsplan sowie in den Bewertungsangaben aller betroffenen Anlagen und Anlagenklassen.

Wenn Sie Ihre Buchungskreise für die Anlagenbuchhaltung definiert haben, wird jedem Buchungskreis (BUKRS) ein Bewertungsplan (BEW-PLAN) zugeordnet (siehe Abbildung 2.1).

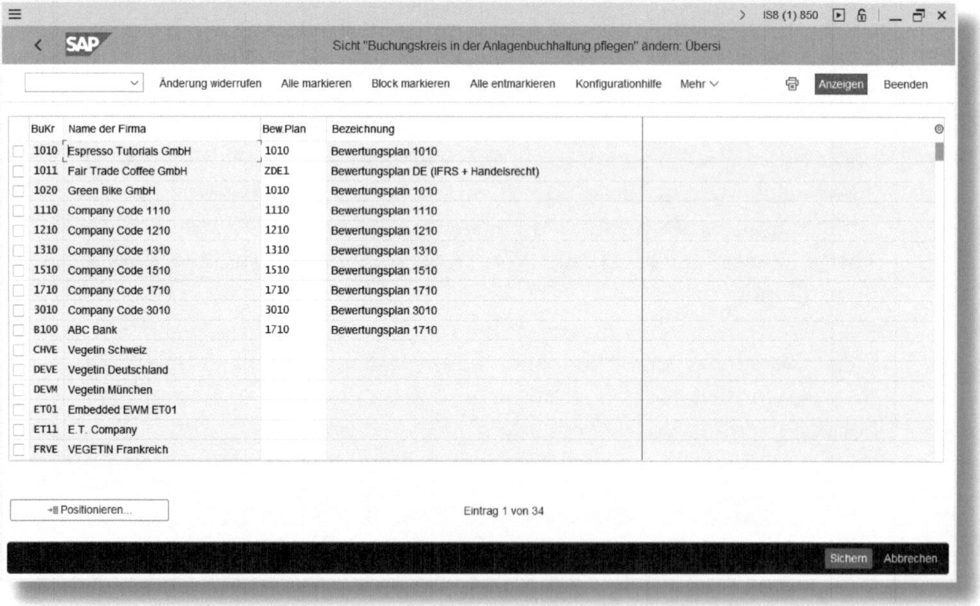

Abbildung 2.1: Buchungskreis – Bewertungsplan zuordnen

2.1.2 Bewertungsbereich

Ein Bewertungsbereich repräsentiert die Bewertung des Anlagevermögens zu einem bestimmten Zweck, z. B. für die

- Handelsbilanz,
- die Steuerbilanz und
- die kalkulatorischen Werte.

Der Bewertungsplan enthält einen oder mehrere Bewertungsbereiche. Ein Bewertungsbereich entspricht typischerweise einer bestimmten Berichtspflicht oder Rechnungslegungsvorschrift, d. h. einem internationalen Recht wie IFRS oder einem lokalen Recht (z. B. deutsches Handelsrecht oder US-GAAP).

Falls Sie *statistische* Bereiche in weiteren Währungen abbilden möchten, müssen Sie dazu Fremdwährungsbereiche einrichten.

Für eine parallele Bewertung von Anlagevermögen können Sie *echte* und *abgeleitete* Bewertungsbereiche definieren. Beim *echten* (normalen) Bewertungsbereich werden die Werte bei jedem Buchen fortgeschrieben, d.h. **echt** in der Datenbank gespeichert. Somit haben Sie die Möglichkeit, die Daten direkt auszuwerten. Handelt es sich jedoch um Teile des Anlagevermögens, für die unterschiedliche Werte gemeldet oder verschiedene Abschreibungsmethoden verwendet werden müssen, kann zur parallelen Berechnung jeweils ein eigener Bewertungsbereich eingerichtet werden.

Die Werte in den *abgeleiteten* Bereichen errechnen sich aus den Werten von zwei oder mehreren echten Bereichen. Hierfür wird die Rechnungslegungsvorschrift definiert. Das System speichert die abgeleiteten Werte nicht permanent, sondern ermittelt sie dynamisch zum Auswertungszeitpunkt. Abgeleitete Bewertungsbereiche können für Sonderposten oder zu Reportingzwecken verwendet werden. Dabei gilt:

- Bei Sonderposten können Sie für abgeleitete Bereiche dieselben Funktionen verwenden wie für normale Bewertungsbereiche. Insbesondere können Sie sie ebenso auswerten und in ein Ledger im Hauptbuch buchen.
- Anderenfalls definieren Sie die abgeleiteten Bewertungsbereiche lediglich zu Berichtszwecken; sie können nicht bebucht werden.
- Abgeleitete Bewertungsbereiche können keine parallelen Währungen führen und dürfen somit keine Parallelwährungsbereiche enthalten.

Insbesondere müssen Sie festlegen, welche Abhängigkeiten zwischen den Bewertungsbereichen bezüglich der Buchungswerte und AfA-Parameter herrschen sollen.

Für die Kostenrechnung, Versicherung, Investitionsförderung und für verschiedene Steuerberechnungen stehen Ihnen zusätzliche Bewertungsbereiche zur Verfügung.

In den Aktivierungskosten der Anlage oder der Abschreibung können unterschiedliche Werte berücksichtigt sowie verschiedene Regeln für die Aktivierbarkeit eingerichtet werden. Gewisse Kosten, die für eine bestimmte Rechnungslegungsvorschrift unzulässig sind, können Sie in die Gesamtkosten der Anlage einbeziehen, wie beispielsweise die Demontagekosten einer Anlage.

Die Konzernrechnungslegungsvorschrift kann für bestimmte Anlagen eine Abschreibung über fünf Jahre erfordern, während sie aus lokalen oder steuerlichen Gründen über drei Jahre abgeschrieben werden müssen.

Die Abschreibung selbst kann je nach Zweck unterschiedlichen Regeln folgen, z. B. *linear* oder *saldierend*. Jeder Bewertungsbereich ermöglicht es Ihnen, bei Bedarf für jede Anlage verschiedene Werte für diverse Zwecke zu ermitteln.

Als Abrechnungsperioden können Sie *Kalenderjahr* oder *Nicht-Kalenderjahr* wählen; dabei sind leichte Abweichungen zwischen FI und Neue Anlagenbuchhaltung möglich, wobei aber das Jahresenddatum identisch sein muss. Hierzu stellen Sie auf Buchungskreisebene (siehe Abbildung 2.2) oder auf Bewertungsbereichsebene (siehe Abbildung 2.3) eine abweichende Geschäftsjahresvariante ein, indem Sie auf den Selektionsbutton klicken und ein Kriterium auswählen; allerdings gelten dabei einige Einschränkungen.

Geschäftsjahresvariante – Einschränkungen

- Eine abweichende Geschäftsjahresvariante in der Anlagenbuchhaltung ist nur möglich, wenn Beginn- und Enddatum der Varianten in der Finanz- und Anlagenbuchhaltung übereinstimmen. Diese Einschränkung gilt auch für Bewertungsbereiche, die nicht im Hauptbuch mitgebucht werden.
- Die Zuordnung einer Geschäftsjahresvariante in FI-AA kann nur geändert werden, solange der betroffene Buchungskreis noch nicht den Status *Produktiv* hat.

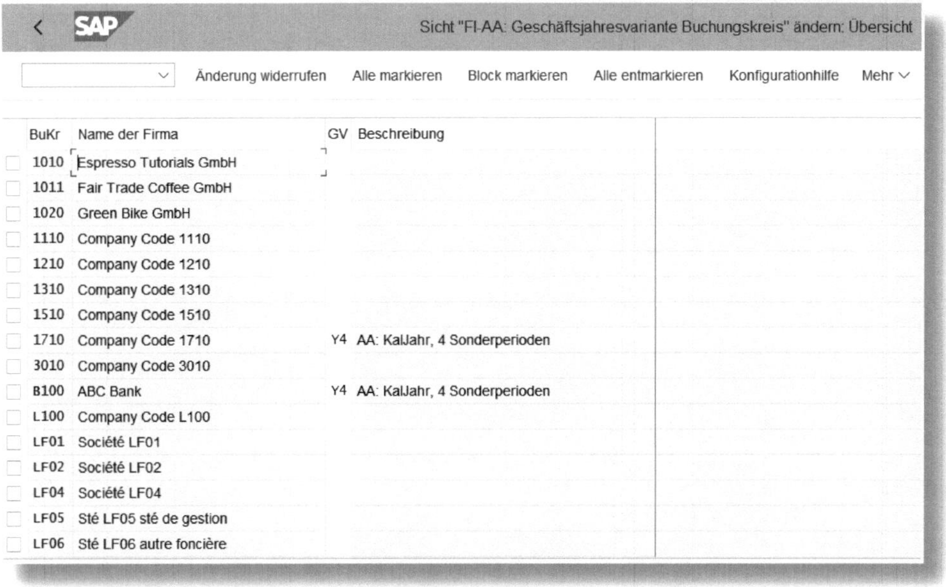

Abbildung 2.2: Geschäftsjahresvariante »Buchungskreis«

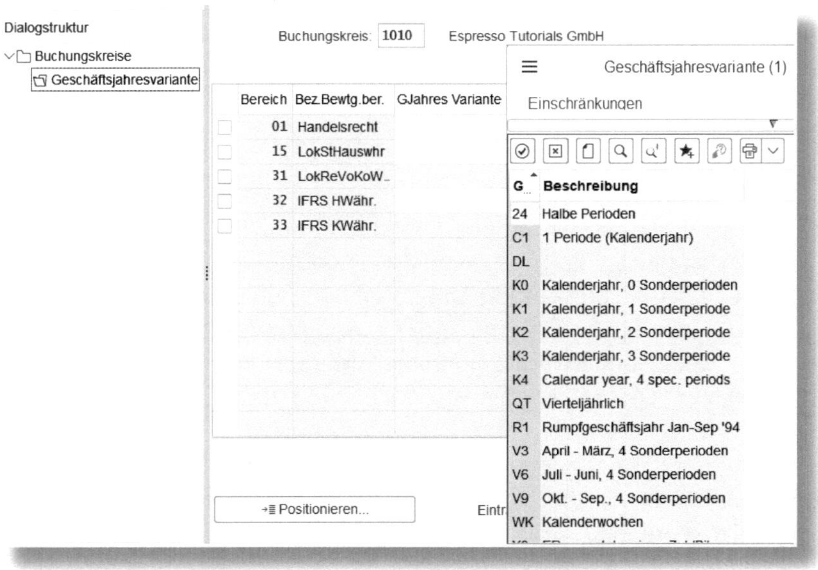

Abbildung 2.3: Geschäftsjahresvariante »Bewertungsbereich«

Viele Unternehmen haben nur einen Bewertungsbereich für die lokale Rechnungslegung, eventuell ergänzt durch einen zusätzlichen Bereich für die IFRS oder Konzernrechnungslegung. In anderen Ländern, wie z. B. den USA, kann es eine Reihe von zusätzlichen Bewertungsbereichen geben, um den unterschiedlichen Steuerberechnungen gerecht zu werden.

Abbildung 2.4 zeigt einige Beispiele von Bewertungsbereichen:

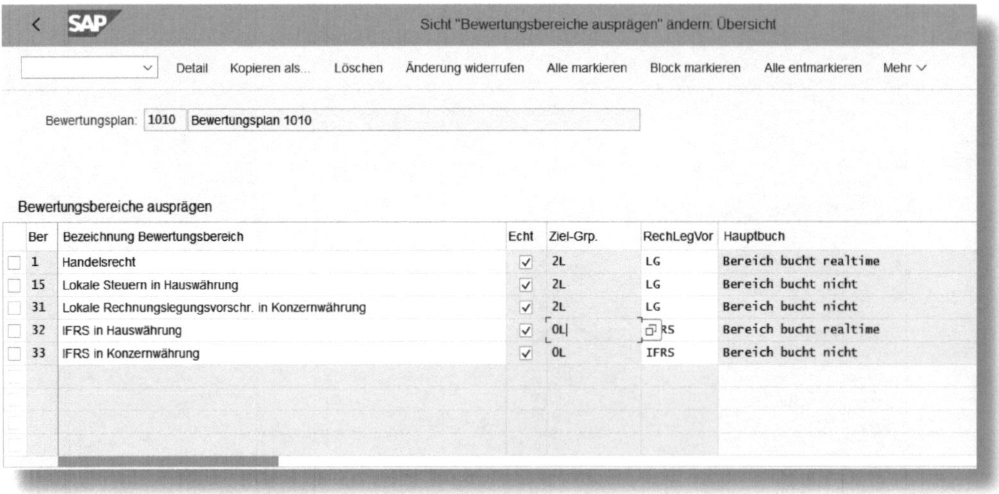

Abbildung 2.4: Bewertungsbereich ausprägen

Die jeweils zugehörigen Rechnungslegungsvorschriften (RECHLEGVOR) sind mit Ledger-Gruppen verknüpft: nämlich *0L*, das immer als führendes Ledger bekannt ist, und in diesem Fall *2L*, also ein paralleles Ledger meint. Das führende Ledger ist praktisch das Haupt- oder Default-Ledger. Vor Einführung der neuen Anlagenbuchhaltung musste der Bewertungsbereich 01 immer mit dem führenden Ledger verknüpft sein. Dieses war das einzige, das in Echtzeit gebucht wurde.

In der neuen Anlagenbuchhaltung können Sie den Bewertungsbereich 01 mit jedem Ledger verknüpfen und mehr als einen Bewertungsbereich in »realtime« buchen (siehe Abbildung 2.4).

In den folgenden Abschnitten erläutern wir, wie Sie die Eigenschaften für Bewertungsbereiche festlegen.

Bereich »Bewertungsbereiche ausprägen«

Wenn, wie in Abbildung 2.4, das Kennzeichen Echt für *Echter Bewertungsbereich* gesetzt ist, bucht das System die Werte dieses Bewertungsbereichs direkt in die Datenbank, woraus folgt, dass die Werte bei jedem Buchen fortgeschrieben und unmittelbar ausgewertet werden können. Soll der Bewertungsbereich hingegen ein abgeleiteter sein, wird das Kennzeichen nicht gesetzt. Sobald die Rechnungslegungsvorschrift für das Hauptbuch angegeben wird, ermittelt das System automatisch die dieser Rechnungslegungsvorschrift zugeordnete Ziel-Ledger-Gruppe.

Es werden allerdings im Gruppenrahmen, d. h. im Detailbild (siehe Abbildung 2.5), die entsprechenden Angaben für den abgeleiteten Bewertungsbereich gemacht.

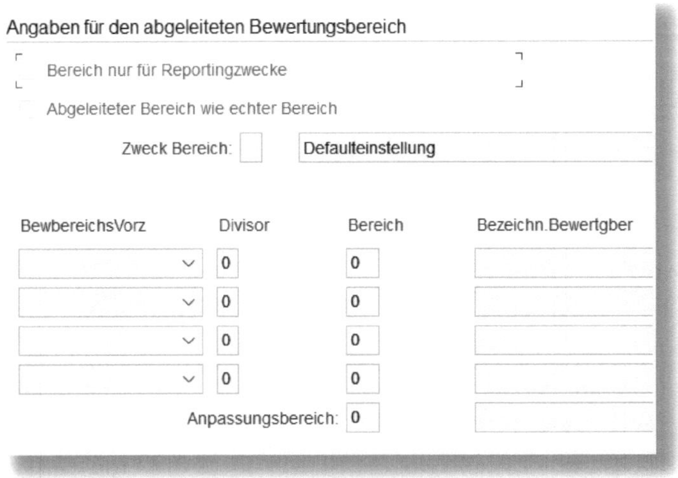

Abbildung 2.5: Angaben für den abgeleiteten Bewertungsbereich

Folgendes ist dabei zu beachten:

- Sie müssen jedem Bewertungsbereich eine Rechnungslegungsvorschrift zuordnen, selbst den nicht buchenden Bewertungsbereichen oder den zu Reportingzwecken verwendeten Delta-Bewertungsbereichen. Die Rechnungslegungsvorschrift darf nicht initial (leer) sein.
- Sie können mehreren Bewertungsbereichen dieselbe Rechnungslegungsvorschrift zuordnen, sofern sie dieselbe Bewertung repräsentiert.
- Überschneidungen von Ledgern:
  - Für die *Ledgerlösung* gilt: Die indirekt über die Rechnungslegungsvorschrift zugeordneten Ledger-Gruppen dürfen sich hinsichtlich ihrer Ledger nicht überschneiden.
  - Für die *Kontenlösung* gilt: Die indirekt über die Rechnungslegungsvorschrift zugeordneten Ledger-Gruppen müssen alle das führende Ledger enthalten.
- Die Rechnungslegungsvorschrift, die die führende Bewertung repräsentiert, können Sie einem beliebigen Bewertungsbereich zuordnen. Dies muss nicht zwingend der Bewertungsbereich 01 sein.
- Für die Ledgerlösung gilt: Sie können einen abweichenden Bewertungsbereich hinterlegen, aus dem die Konten verwendet werden sollen. Dieser hinterlegte Bewertungsbereich muss jedoch in die Hauptbuchhaltung buchen.
- Für die abgeleiteten Bewertungsbereiche gilt:
  - Sie können sie zu Reportingzwecken verwenden.
  - In abgeleiteten Bereichen kann auch gebucht werden, wenn der Bereich und seine sämtlichen Basisbereiche derselben Rechnungslegungsvorschrift zugeordnet sind. Ein Beispiel stellen die Sonderposten dar.
  - Sie lassen sich für die Anzeige von historischen Daten sowie für die Berichterstattung einsetzen.

- Einem abgeleiteten Bewertungsbereich muss die Rechnungslegungsvorschrift aus einem seiner Basisbereiche zugeordnet werden.
- Das System verwendet beim Buchen in ein paralleles Hauptbuch die Kontenfindung des abweichenden Bewertungsbereichs.

Nachfolgend wollen wir die einzelnen Einstellungen des Bewertungsbereichs und außerdem die damit verbundenen Auswirkungen auf das Hauptbuch, die Bestände und Abschreibungen sowie auf die Werteführung näher betrachten.

Bereich »Buchen im Hauptbuch«

Unter Buchen im Hauptbuch (siehe Abbildung 2.6) bestimmen Sie grundsätzlich, wie die Bestände und Abschreibungen eines Bewertungsbereichs ins Hauptbuch gebucht werden sollen: Die Buchungen können »realtime« bzw. zeitgleich erfolgen, d. h., dass die Buchungen der Anlagenbuchhaltung sofort in das Hauptbuch mitgebucht werden.

Sie haben folgende vier Möglichkeiten, Werte ins Hauptbuch zu buchen:

1. Bereich bucht nicht:
   Für einen mit dieser Option ausgewählten Bewertungsbereich bucht das System weder Anschaffungs- und Herstellungskosten (AHK) noch Abschreibungen ins Hauptbuch. Diese Einstellung verwenden Sie beispielsweise für Bewertungsbereiche mit parallelen Währungen.

2. Bereich bucht realtime:
   Das System bucht für den Bewertungsbereich sowohl AHK als auch Abschreibungen ins Hauptbuch. Dabei werden die AHK »realtime« und die Abschreibungen periodisch gebucht. Im Finanzwesen wird für die Abschreibung je Anlage ein Buchungsbeleg erstellt. In SAP S/4HANA haben Sie die Möglichkeit, die Bewertung nach verschiedenen Rechnungslegungsvorschriften durchzuführen.

Hierfür bieten sich zwei Mittel an: einerseits die Ledgerlösung und andererseits die Kontenlösung. Je nachdem, welchen der beiden Wege Sie wählen, haben Sie folgende Optionen:

- **Die Ledgerlösung:** Darunter versteht man nicht die Special Ledger (FI-SL), sondern die Definition und Anlage weiterer Ledger im Hauptbuch. Über die Ledgerlösung können Sie mit einem führenden Ledger und mehreren nicht führenden Ledgern verschiedene Rechnungslegungsvorschriften abbilden.
  - Für die führende Bewertung und die parallelen Bewertungen gilt: Immer genau *ein Bewertungsbereich jeder Bewertung* führt AHK und bucht diese ins Hauptbuch (= führender Bereich).
  - Für die passivische Investitionsförderung gilt: Für jede dieser Maßnahmen kann immer genau ein passivischer Investitionsförderbereich jeder Bewertung mit dem Kennzeichen Bereich bucht realtime ins Hauptbuch buchen.

Abbildung 2.6: Buchen im Hauptbuch – Ledgerlösung

- **Die Kontenlösung:** In diesem Fall werden zusätzliche Kontengruppen im System angelegt. Sie fassen in diesen Kontengruppen alle Konten zusammen, die für die Rechnungslegungsvorschriften relevant sind. Des Weiteren vereinen Sie in einer zusätzlichen Kontengruppe alle Konten, die nach unterschiedlichen Rechnungslegungsvorschriften gebucht werden müssen.
  - Nur für die führende Bewertung gilt: Genau *ein Bewertungsbereich der führenden Bewertung* führt AHK und bucht diese ins Hauptbuch. Der Bewertungsbereich der parallelen Bewertung bucht mit dem Kennzeichen Bereich bucht Bestände zeitgleich, Abschreibungen periodisch.
  - Für die passivische Investitionsförderung gilt: Für jede passivische Investitionsfördermaßnahme (der führenden und auch der parallelen Bewertung) kann immer genau ein passivischer Investitionsförderbereich einer Bewertung mit diesem Kennzeichen ins Hauptbuch buchen.

3. Bereich bucht nur die Abschreibungen:
   - Für den Bewertungsbereich bucht das System nur Abschreibungen, und zwar periodisch; AHK werden nicht gebucht. Der Buchungsbeleg für die Abschreibung wird im Finanzwesen je Anlage gebucht.
   - Diese Einstellung ist beispielsweise bei Bewertungsbereichen mit Abschreibungen für kalkulatorische Zwecke notwendig.

4. Bereich bucht Bestände zeitgleich, Abschreibungen periodisch:
   - Für den Bewertungsbereich bucht das System sowohl AHK als auch Abschreibungen ins Hauptbuch. Dabei werden die AHK zeitgleich, Abschreibungen dagegen periodisch gebucht. Der Buchungsbeleg für die Abschreibung wird im Finanzwesen je Anlage fortgeschrieben.

- Sie setzen dieses Kennzeichen in folgenden Fällen:
  - **bei der Kontenlösung**: Für die parallelen Bewertungen gilt: Genau ein Bewertungsbereich der jeweiligen parallelen Bewertung führt AHK und bucht diese ins Hauptbuch. Dieser Bereich bucht zeitgleich zur führenden Bewertung seine Bestände je Anlage ins Hauptbuch;
  - **bei der Ledger- und Kontenlösung**: für die Sonderpostenabwicklung.

Bereich bucht Bestände zeitgleich, Abschreibungen periodisch

Die Option Bereich bucht Bestände zeitgleich, Abschreibungen periodisch ist äquivalent zur Option Bereich bucht realtime.

Ändern des Kennzeichens

In einem System mit produktiven Buchungskreisen dürfen Sie das Kennzeichen für das Buchen ins Hauptbuch auf keinen Fall ändern! Anderenfalls kann keine vollständige und konsistente Datenhaltung mehr gewährleistet werden, und die Daten lassen sich nicht mehr korrigieren.

Hintergrund: In der Anlagenbuchhaltung werden keine separaten Werte fortgeschrieben. Diese werden vielmehr im umfassenden Buchungsbeleg zentral für das Finanzwesen in der Tabelle ACDOCA fortgeschrieben. Das Kennzeichen für das Buchen ins Hauptbuch steuert u. a., ob die Tabelle ACDOCA oder DOC_IT fortgeschrieben wird.

Für das Buchen im Hauptbuch sollten Sie grundsätzlich beachten:

- Innerhalb der führenden Rechnungslegungsvorschrift darf es nur einen Bewertungsbereich geben, der AHK-Werte »realtime« bucht und führt.

- Innerhalb jeder parallelen Rechnungslegungsvorschrift gilt:
  - Im Rahmen der **Ledgerlösung** darf es nur einen Bewertungsbereich geben, der AHK-Werte »realtime« bucht und führt.
  - Im Rahmen der **Kontenlösung** darf es nur einen Bewertungsbereich geben, der AHK-Werte zeitgleich bucht und führt.
- Innerhalb einer Rechnungslegungsvorschrift kann es weitere Bewertungsbereiche für parallele Währungen geben, die AHK-Werte führen, aber nicht in die Finanzbuchhaltung buchen.
- Die Bewertungsbereiche für eine Aufwertung und Investitionsförderung werden »realtime« gebucht.

Bereich »Werteführung«

In diesem Bereich (siehe Abbildung 2.7) bestimmen Sie, welche *Werteführung* für die verschiedenen Wertarten wie z. B. AHK, Abschreibung und Zinsen zulässig sein soll.

Abbildung 2.7: Buchen im Hauptbuch – Ledgerlösung (Fortsetzung)

Anschaffungs- und Herstellungskosten sowie positive Restbuchwerte müssen in allen Bewertungsbereichen gestattet sein, in denen aktivierte Anlagenbestände abgeschrieben werden sollen. Dies ist der Normalfall. Negative Restbuchwerte müssen Sie in Bereichen erlauben, die unter Null abgeschrieben werden, und in Bereichen, die passivisch dargestellte Wertberichtigungen (Sonderposten) führen sollen. Letztere dürfen keine positiven Restbuchwerte und keine AHK führen.

Wenn Sie Bewertungsbereiche benötigen, deren Werte sich rechnerisch aus anderen Bereichen ergeben, können Sie ABGELEITETE BEWERTUNGSBEREICHE WIE ECHTER BEREICH definieren, z. B. für die Sonderpostenabwicklung. Geben Sie hierzu die zugrunde liegenden Bewertungsbereiche (Basisbereiche) und das jeweilige Vorzeichen an, mit dem die Werte (des neuen Bereichs) in den abgeleiteten Bereich eingehen sollen. An dieser Stelle muss sichergestellt sein, dass das Kennzeichen ECHTER BEWERTUNGSBEREICH (siehe Abbildung 2.6) nicht gesetzt ist.

Wenn ein abgeleiteter Bereich ausschließlich Reportingzwecken dient, d. h., seine Werte nicht mitgebucht werden, können Sie durch das Setzen des Kennzeichens BEREICH NUR FÜR REPORTINGZWECKE festlegen, dass keine Wertprüfungen durch das System erfolgen sollen.

2.1.3 Bewertungstyp

Die Bewertungsbereiche der Standardbewertungspläne sind alle typisiert. Diese Einteilung übernimmt das System beim Anlegen eines Bewertungsplans aus dem referenzierten Standardbewertungsplan. Aus diesem Grund sollten Sie den Bewertungsbereich nach seinem primären Zweck kennzeichnen. Beispielsweise hat der Bereich 01 den Typ »Handelsbilanzielle Bewertung«.

Der *Bewertungs-* oder auch *Bereichstyp* ist insbesondere in zwei Situationen von Bedeutung:

1. Wenn Sie das Modul IM (Investitionsmanagement) einsetzen. Hier spielt der Bereich mit dem Typ 07 (kalkulatorische Bewertung) eine besondere Rolle: Für ihn dürfen keine Aktivierungsdifferenzen als neutraler Aufwand abgegrenzt werden. Dies ist erforderlich, um zu

gewährleisten, dass alle nicht aktivierten Belastungen einer Investitionsmaßnahme in der Kostenrechnung berücksichtigt werden.

2. Für Abschreibungsbereiche zur Berechnung der Transportsteuer in Russland: In diesem Fall wird der Bewertungstyp 20 verwendet.

In Abbildung 2.8 sehen Sie einige Beispiele von Bewertungstypen.

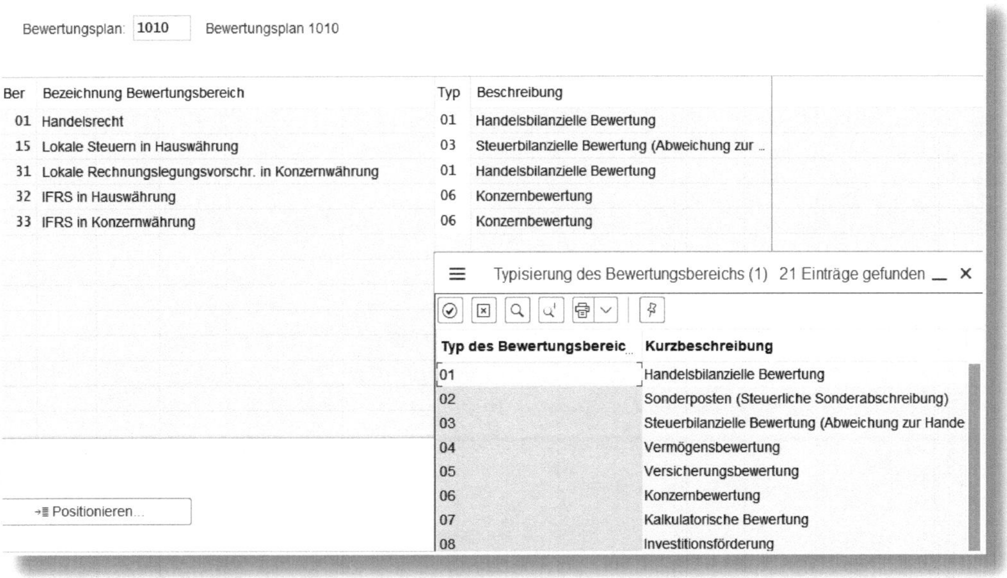

Abbildung 2.8: Bewertungstypen

2.1.4 Anlagenklassen

Eine *Anlagenklasse* in SAP ist eine Gruppe von Anlagen, die ähnliche Eigenschaften wie Kontenfindung, Abschreibungsregeln und Stammdaten aufweisen. Aus buchhalterischer Sicht sind die Anlagenklassen das wichtigste Strukturierungsmittel für das Anlagevermögen, da Sie es nach unterschiedlichen Kriterien gliedern können. Im Modul FI-AA sind beliebig viele Anlagenklassen definierbar.

Jede Anlage muss genau einer Anlagenklasse zugeordnet werden. Die Anlagenklassen sind buchungskreisübergreifend definiert. Sie sind somit mandantenweit für alle Buchungskreise einheitlich relevant. Dies gilt auch, wenn die Buchungskreise auf unterschiedliche Bewertungspläne verweisen und somit verschiedene Bewertungsbereiche besitzen.

Über die Anlagenklasse ordnen Sie die Anlagen und die jeweiligen Geschäftsvorfälle den entsprechenden Hauptbuchkonten zu. Ein und dieselbe Kontenzuordnung kann von mehreren Anlagenklassen verwendet werden. Deshalb ist es möglich, das Anlagevermögen auf Ebene der Anlagenklassen differenzierter zu strukturieren als auf Ebene der Hauptbuchkonten.

Bei der Bildung von Anlagenklassen sind folgende Kriterien zu beachten:

- Ein wichtiger Faktor ist die Vergabe von Vorschlagswerten, insbesondere Abschreibungsparametern, an die zu einer Klasse gehörigen Stammsätze. Damit erhält die Anlagenklasse die Funktion eines Musterstammsatzes und ermöglicht ein einfaches und sicheres Anlegen von Anlagenstammsätzen.
- Bildaufbau, Registerlayout und Feldeigenschaften des Anlagenstammsatzes können klassenspezifisch festgelegt werden.
- Über die Anlagenklasse lässt sich die Nummernvergabe für Anlagen klassenspezifisch steuern.
- Die Anlagenklasse ist ein Selektionskriterium bei allen Standardreports der Anlagenbuchhaltung und gestattet eine Sortierung und Summierung nach klassenspezifischen Kriterien. Somit spielt sie eine wesentliche Rolle für die Gruppierung der Anlagen zu Auswertungszwecken.

Bewertungsparameter aus der Anlagenklasse

Es ist sinnvoll, die Bewertungsparameter (AfA-Schlüssel usw.) aus der Anlagenklasse vorzuschlagen. Sie sollten zumindest so viele Anlagenklassen definieren, wie Sie Anlagen mit unterschiedlichen Bewertungsparametern haben.

Anlagenklassen werden in mehreren Stufen definiert. Die Struktur der gesamten Anlagenklasse besteht aus drei Teilen:

- aus Steuerungsparametern,
- Vorschlagswerten für die Anlagenstammdaten und
- Vorschlagswerten für Abschreibungsparameter im jeweiligen Bewertungsplan.

Sie können einer Anlagenklasse Abschreibungsparameter für beliebig viele Bewertungspläne zuordnen. Folglich ist es möglich, einen konzernweiten Anlagenklassenkatalog unabhängig von länderspezifischen Bewertungsplänen zu führen.

Die Strukturierung des Anlagevermögens ist aus buchhalterischer Sicht von der technisch orientierten Strukturierung des Moduls PM (Plant Maintenance) unabhängig. Sie bietet eigene Strukturbegriffe, wie z. B. *Technische Plätze* und *Equipments*, die eine Gliederung der Anlage nach Instandhaltungserfordernissen erlauben (siehe Abbildung 2.9).

Die Integration der Module FI-AA und PM kann durch den Eintrag der zugehörigen Anlage im jeweiligen Stammsatz erfolgen. Dadurch ermöglichen Sie die Selektion aller zu einer Anlage gehörenden Equipments.

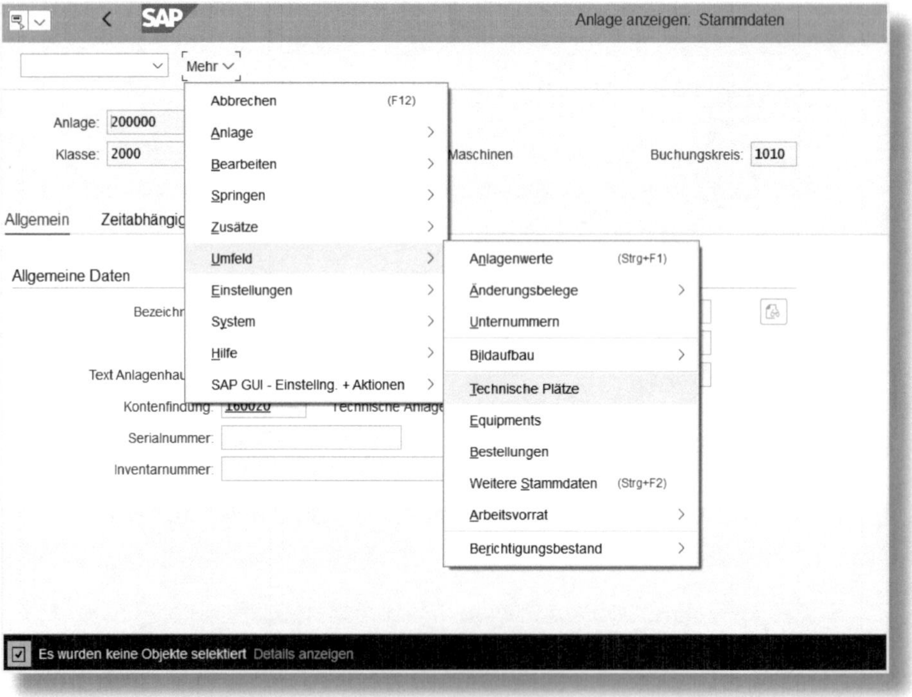

Abbildung 2.9: Anlagen – technische Struktur

Je nach Unternehmensgröße kann die Anzahl der benötigten Anlagenklassen stark variieren. Sie sollte aber stets eine gewisse Mindestmenge aufweisen. Hierfür hat sich eine Zahl von 50 als sinnvolle Größenordnung ergeben. Generell wird empfohlen, zumindest die Anlagen mit identischen Abschreibungsparametern zu einer Anlagenklasse zusammenzufassen. Zudem ist beim Anlegen einer neuen Anlage auf eine eindeutige Klassenzuordnung zu achten. Die Definition Ihrer Anlagenklassen sollten Sie sorgfältig vorbereiten und durchführen. Die SAP liefert übrigens wie gewohnt bereits vordefinierte Anlagenklassen als Beispiele aus.

Wie Sie Anlagenklassen definieren und welche Kriterien Sie dabei beachten müssen, werden wir im Abschnitt 2.2.4 näher beschreiben.

2.2 Stammdaten

In diesem Abschnitt betrachten wir die wesentlichen Neuerungen für die Systemeinstellungen in S/4HANA, die im Zusammenhang mit der Stammdatenpflege im Modul FI-AA stehen.

Ein *Anlagenstammsatz* beinhaltet alle Stammdaten einer Anlage wie die Beschreibung, Abschreibungssätze, Nutzungsdauer und Kostenstelle. Die Daten aus dem Anlagenstammsatz werden für die Transaktionen und Berechnung der Werte verwendet. Außerdem können Sie hier Ordnungsbegriffe und eigene Matchcodes definieren.

Das wahrscheinlich relevanteste Datum für eine Anlage ist das *Datum der Aktivierung*. Dies beschreibt normalerweise den Zeitpunkt, an dem alle Unterlagen vollständig sind und die Anlage in Betrieb genommen wird. Dieses Datum wird in der Regel automatisch aus dem Buchungsbeleg vorgeschlagen, der je nach Konfiguration eine Rechnung, ein Wareneingang oder ein Finanzjournal sein kann.

Das Aktivierungsdatum ist nicht unbedingt deckungsgleich mit dem Beginndatum der Abschreibung. Solange ein Geschäftsjahr noch nicht abgeschlossen ist, kann das Datum der Abschreibung zurückgesetzt werden, und alle Abschreibungen aus früheren Perioden werden in der aktuellen oder früheren Periode gebucht – vorausgesetzt, die Perioden sind noch offen und die Abschreibung des folgenden Monats wurde noch nicht durchgeführt.

2.2.1 Kontenfindung anlegen

In diesem Abschnitt zeigen wir Ihnen das Anlegen der Kontenfindung und ordnen die Konten für die Buchungen der Anlagenbuchhaltung zu. Gehen Sie über den IMG-Pfad FINANZWESEN • ANLAGENBUCHHALTUNG • ORGANISATIONSSTRUKTUREN • ANLAGENKLASSEN • KONTENFINDUNG ANLEGEN und kontrollieren Sie die bereits vorhandene Kontenfindung oder legen Sie ggf. eine neue an, die anschließend einer oder mehreren Anlagenklassen zugewiesen wird (siehe Abbildung 2.10).

Im Modul FI-AA stellt die Kontenfindung nur einen technischen Schlüssel dar, da im Hauptbuch der Kontenfindung einzelne Konten separaten Geschäftsvorfällen zugeordnet werden, die in der Anlagenbuchhaltung bebucht werden sollen.

Neue Einträge Kopieren als... Löschen Änderung widerrufen

Kontenfindung	Bezeichnung Kontenfindung
16030	Fahrzeuge
16040	EDV-Anlagen
21000	Konzessionsrechte und Lizenzen
25000	Eigenentwicklung
60000	Leasing
160000	Grundstücke und grundstücksgleiche Rechte
160010	Betriebsgebäude
160020	Technische Anlagen und Maschinen
160030	Pachterschließungen
160040	Fahrzeuge
160050	Betriebs- und Geschäftsausstattung
160060	Büroeinrichtung
160070	Computer-Hardware
160080	Computer-Software
160090	Anlagen im Bau
160200	Geringwertige Wirtschaftsgüter

Abbildung 2.10: Kontenfindung anlegen

Im Regelfall können Sie sich bei der Nummerierung der Kontenfindung an der Nummerierung der Anlagenklasse orientieren, da Sie sie dann später der richtigen Anlagenklasse leichter zuordnen können.

Kontenfindung

Für gewöhnlich benötigen Sie zumindest so viele Kontenfindungen wie Sie Anlagenbestandskonten im Hauptbuch führen (= Anlagenarten).

2.2.2 Bildaufbauregeln anlegen

Sie definieren die Bildaufbauregeln, indem Sie dem IMG-Pfad FINANZWESEN • ANLAGENBUCHHALTUNG • ORGANISATIONSSTRUKTUREN • ANLAGENKLASSEN • BILDAUFBAUREGELN • BILDAUFBAUREGELN ANLEGEN folgen und neue Bildaufbauregeln anlegen oder die bestehenden Regeln prüfen. In Abbildung 2.11 sehen Sie einige Beispiele für Bildaufbauregeln.

Bildauf...	Bezeichnung Bildaufbauregel
Y100	Grundstücke
Y110	Betriebsgebäude
Y200	Maschinen
Y300	Betriebs-/Geschäftsausstattung
Y310	Fahrzeuge
Y320	Computer (Hardware/Software)
Y330	Geringwertige Wirtschaftsgüter
Y400	Anlagen im Bau
Y401	Investitionsmaßnahmen
Y500	Leasing
Y900	Steuerliche Aktivierungen

Abbildung 2.11: Bildaufbauregeln anlegen

In der Anlagenbuchhaltung ist auch der Bildaufbau nur ein technischer Schlüssel. Sie erstellen lediglich den Schlüssel und vergeben jeweils eine Bezeichnung für die Bildaufbausteuerung. Die Bildaufbauregel wird dann einer oder mehreren Anlagenklassen zugeordnet. Sie kann entweder im mandantenweit gültigen Teil oder alternativ bewertungsplanspezifisch in der Anlagenklasse hinterlegt werden. Die Bildaufbauregel gilt dann für alle Anlagen der jeweiligen Anlagenklasse bzw. für den Bewertungsplan. Sie legt die Eigenschaften der Felder im Anlagenstammsatz fest. Somit können Sie über den Bildaufbau steuern, ob die Felder Muss- oder Kann-Eingaben sind bzw. ob sie ganz ausgeblendet werden sollen.

2.2.3 Nummernkreisintervalle definieren

Wie Sie die Nummernkreisintervalle definieren, erfahren Sie in diesem Abschnitt. Für die Vergabe der Anlagenhauptnummer legen Sie die Nummernkreise je Buchungskreis an. Da die Nummernvergabe nicht geschäftsjahresabhängig sein kann und um den Administrationsaufwand dafür möglichst gering zu halten, sollten Sie die Nummernkreise mit interner Nummernvergabe verwenden und groß genug wählen. Sie legen fest, aus welchem Nummernkreis die Nummernvergabe in der einzelnen Anlagenklasse erfolgen soll. Die SAP liefert standardmäßig Nummernkreise aus.

Starten Sie die Transaktion *AS08* oder folgen Sie dem IMG-Pfad FINANZWESEN • ANLAGENBUCHHALTUNG • ORGANISATIONSSTRUKTUREN • ANLAGENKLASSEN • NUMMERNKREISINTERVALLE DEFINIEREN, um die Nummernkreisintervalle (siehe Abbildung 2.12) anzulegen und auszuprägen (siehe Abbildung 2.13).

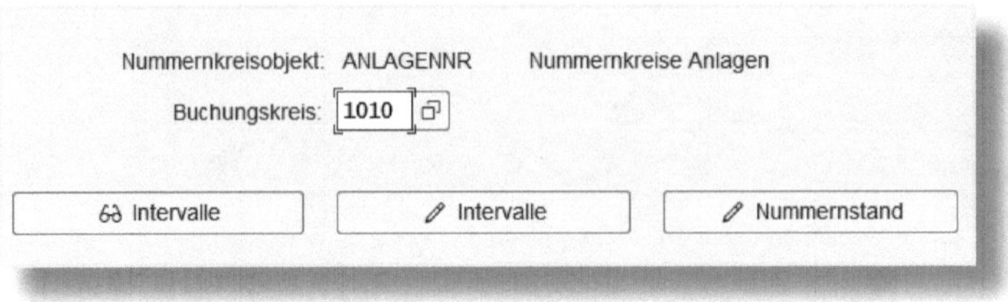

Abbildung 2.12: Nummernkreisintervalle definieren

Nr	von Nummer	bis Nummer	Nummernstand	Ext
01	000000100000	000000199999	100013	
02	000000200000	000000299999	200011	
03	000000300000	000000399999	300025	
04	000000400000	000000499999	400003	
05	000000500000	000000599999	500002	
06	000000600000	000000699999	600002	
07	000000700000	000000799999	0	
08	000000800000	000000899999	0	
09	000000900000	000000999999	0	
90	A	D	0	✓
99	000000000001	000000099999	0	✓

Abbildung 2.13: Nummernkreisintervalle pflegen

Nummernvergabe für die Anlagenunternummer

Die Nummernvergabe für die Anlagenunternummer wird ebenfalls über die Anlagenklasse gesteuert. Hier können Sie bestimmen, ob deren Vergabe intern oder extern erfolgen soll. Für die Unternummernvergabe benötigen Sie keine Nummernkreise.

2.2.4 Anlagenklasse definieren

Nachdem wir die Voraussetzungen erfüllt haben, wie etwa die Anlage eines Bewertungsplans und die Definition der Nummernkreisvergabe für die Anlagenhauptnummer, betrachten wir in diesem Abschnitt noch einmal die Definition der Anlagenklasse (vgl. Abschnitt 2.1.4).

Rufen Sie dazu die Trankaktion *OAOA* auf oder folgen Sie dem IMG-Pfad Finanzwesen • Anlagenbuchhaltung • Organisationsstrukturen • Anlagenklassen • Anlagenklasse definieren. Sie können entweder eine neue Anlagenklasse anlegen oder eine bereits bestehende (oder von SAP auslieferte Standardanlagenklassen) kopieren.

Klasse	Kurztext	Bezeichnung der Anlagenklasse	Bezeichnung Kontenfindung	Bezeichnung Bildaufbauregel
1000	Immobilien (Grundst)	Immobilien (Grundstück)	Grundstücke und grundstücksgleiche Rechte	Grundstücke
1100	Gebäude	Gebäude	Betriebsgebäude	Betriebsgebäude
1200	Bodenerschließungen	Bodenerschließungen	Grundstücke und grundstücksgleiche Rechte	Grundstücke
1500	Pachterschliessungen	Pachterschließungen	Pachterschließungen	Betriebsgebäude
2000	Anlagen u. Maschinen	Technische Anlagen und Maschinen	Technische Anlagen und Maschinen	Maschinen
3000	Ausstattungen	Ausstattung	Büroeinrichtung	Betriebs-/Geschäftsausstattung
3100	Fahrzeuge - LKW	Fahrzeuge - LKW	Fahrzeuge	Fahrzeuge
3110	Fahrzeuge - PKW	Fahrzeuge - PKW	Fahrzeuge	Fahrzeuge
3200	Computer - Hardware	Computer - Hardware	Computer-Hardware	Computer (Hardware/Software)
3210	Computer - Zubehör	Computer - Zubehör	Computer-Software	Computer (Hardware/Software)
4000	AiB	Anlagen im Bau	Anlagen im Bau	Anlagen im Bau
4001	Investitionsmaßnahme	AiB als Investitionsmaßnahme	Anlagen im Bau	Anlagen im Bau
5000	GWG	Geringwertige Wirtschaftsgüter	Geringwertige Wirtschaftsgüter	Geringwertige Wirtschaftsgüter
6000	Operating-Leasing	Geleaste Anlagen (Operating-Leasing)	Leasing	Leasing

Abbildung 2.14: Im System bereits vorhandene Anlagenklassen

Wie in Abbildung 2.15 zu sehen ist, wurden hier die Kontenfindung, Bildaufbauregeln sowie Nummernkreise einheitlich benannt. Dies erleichtert die Customizing-Einstellungen, da diese Parameter größtenteils in mehreren Anlagenklassen verwendet werden.

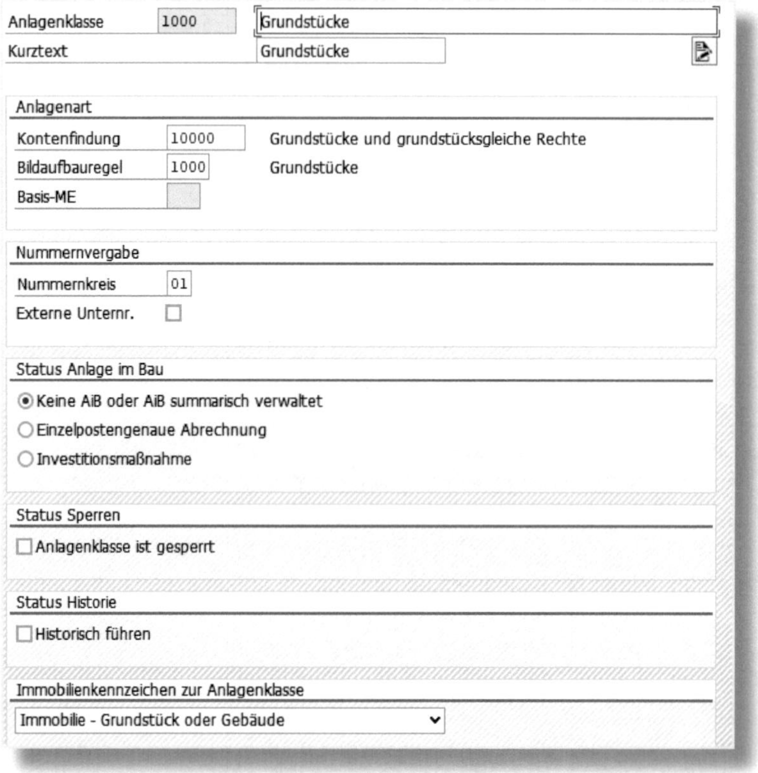

Abbildung 2.15: Detailbild zur Anlagenklasse

Da sich die Customizing-Aktivitäten für die Anlagenklasse seit SAP ERP nicht wesentlich verändert haben, möchten wir an dieser Stelle nicht näher auf die weitere Vorgehensweise eingehen.

2.2.5 Anlage anlegen

Ein Anlagenstamm wird in der Regel mit der Transaktion *AS01* erstellt (siehe Abbildung 2.16), sofern Sie den SAP GUI verwenden. Bei Einsatz von SAP Fiori rufen Sie die App »Anlagenstammsatz anlegen« auf. Als Erstes wählen Sie die Anlagenklasse. Über das Lupensymbol rechts vom Eingabefeld können Sie bestimmen, welche Art von Anlage Sie erstellen möchten (siehe Abbildung 2.17).

Wenn Sie auf eine vorhandene Anlage als Kopiervorlage zugreifen wollen, geben Sie im Bereich Vorlage die notwendigen Details wie die Anlagennummer und den Buchungskreis ein.

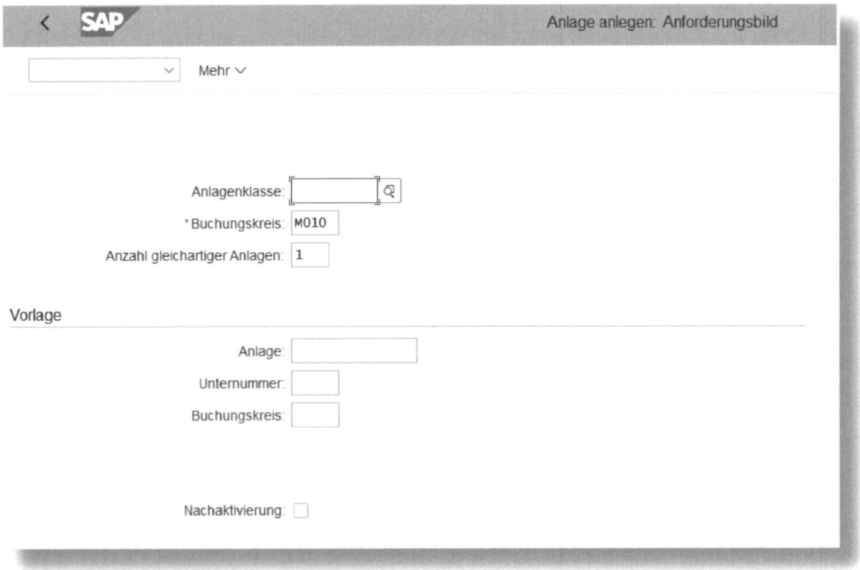

Abbildung 2.16: Anlage anlegen

Das Kennzeichen Nachaktivierung muss nur dann gesetzt werden, wenn Sie einen Anlagenstamm für die Nachaktivierung verwenden möchten. Diese Anlage kann anschließend mit der entsprechenden Transaktion für Nachaktivierungen die Abschreibungen des Vorjahres buchen.

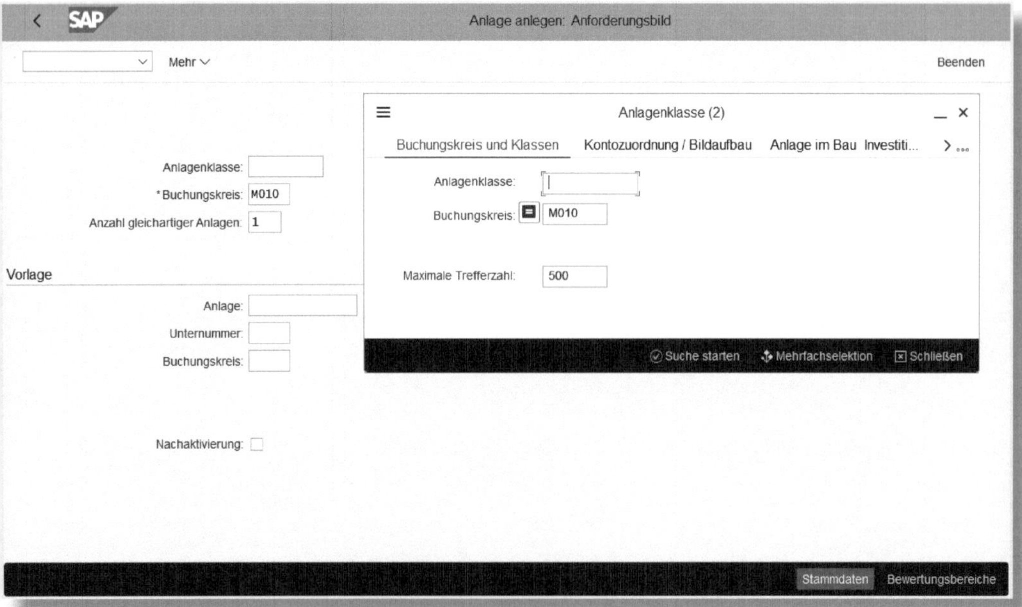

Abbildung 2.17: Anlagenklasse suchen

Beim Buchen einer Nachaktivierung auf einen neuen Stammsatz müssen Sie im betroffenen Anlagenstammsatz das historische Aktivierungsdatum und das Zugangsdatum manuell angeben. Wenn Sie dieses Kennzeichen setzen, definiert das System das Stammsatzfeld AKTIVIERUNGSDATUM als Muss-Eingabefeld, und das Feld ZUGANGSDATUM wird automatisch aus dem Aktivierungsdatum versorgt.

Vergabe der Anlagenhauptnummer

Die ersten Voraussetzungen für die Vergabe der Anlagenhauptnummer sind das Anlegen eines Bewertungsplans und die Definition der Nummernkreise.

Geben Sie nun im Detailbild (siehe Abbildung 2.18) den Schlüssel der Anlagenklasse, rechts daneben die Bezeichnung der Klasse und noch einen Kurztext an.

Abbildung 2.18: Detailbild zur Anlagenklasse

Als nächsten Schritt tragen Sie unterhalb die Steuerungsparameter der Anlagenklasse ein. Im Besonderen sind die folgenden Daten zu ergänzen (siehe Abbildung 2.19):

- Kontenfindung
- Bildaufbausteuerung (Bildaufbauregel) (Die Definition der Bildaufbausteuerung können Sie im nächsten Reiter, Abschnitt Stammdaten vornehmen.)
- Nummernkreis für die Anlagen-Hauptnummernvergabe
- Unternummernvergabe extern/intern (Externe Unternr.)

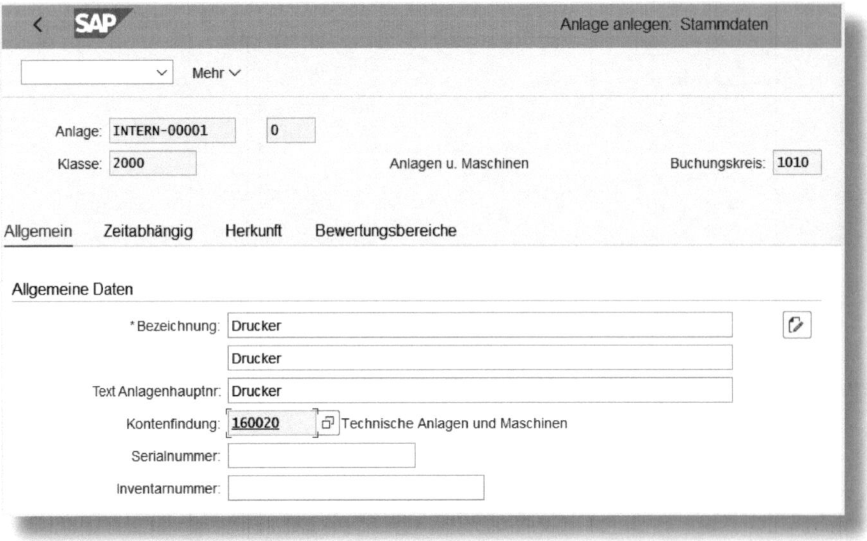

Abbildung 2.19: Eingabe der allgemeinen Daten

Als weiteren Schritt müssen Sie im Reiter BEWERTUNGSBEREICHE die Bewertungsnummer (B...), den BEWERTUNGSBEREICH, den ABSCHREIbungsschlüssel sowie die NUTZUNGSDAUER angeben (Abbildung 2.20).

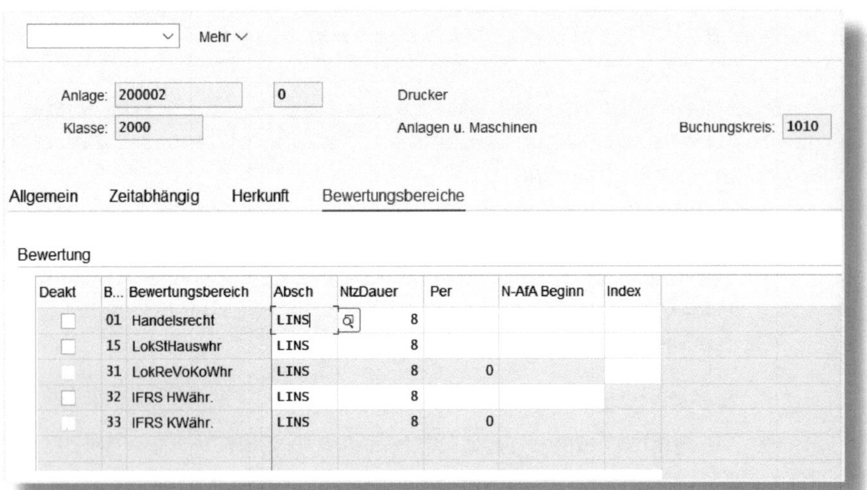

Abbildung 2.20: Eingabe der Bewertungsdaten

2.3 Neues Datenmodell unter SAP S/4HANA

Seit jeher besteht die Herausforderung darin, Informationen aus verschiedenen SAP-Modulen sowie aus den dahinterliegenden Tabellen zu kombinieren, um ein beschleunigtes Reporting zu erreichen.

In SAP ERP erfolgt die Aggregation der Einzelposten über fest definierte Summentabellen. Die Daten in den diversen SAP-Komponenten bzw. Tabellen weisen einen unterschiedlichen Grad an Detailliertheit auf und sind zudem abweichend strukturiert, sodass sich die Felder und die verfügbaren Entitäten, auch *Informationsobjekte* genannt (dieses sind konkrete Objekte, über die Informationen gespeichert oder verarbeitet werden sollen), voneinander unterscheiden. So kennt beispielsweise die Anlagenbuchhaltung nur eine Währung. Weitere Währungen müssen über parallele Bewertungsbereiche abgebildet werden. Um jedoch die Datenkonsistenz sicherzustellen, müssen in SAP ERP die Summensätze regelmäßig mit den Einzelposten abgestimmt werden, da diese über fest definierte Summentabellen aggregiert werden.

In SAP S/4HANA wurde als Lösung für diese Herausforderung das *Universal Journal* entwickelt. Die vormals komplexe Vorgehensweise wurde dahingehend vereinfacht, dass die Summentabellen weggelassen und die unterschiedlichen Tabellen der verschiedenen SAP-Module miteinander integriert wurden. Alle Ist-Buchungen der Anlagenbuchhaltung werden nun unter SAP S/4HANA im Universal Journal in die übergreifende Tabelle ACDOCA als Einzelposten gespeichert.

Demzufolge entfallen jegliche Anlagenbelegtabellen (siehe Abbildung 2.21), und auch auf Summentabellen wird verzichtet. Die Belege der Anlagenbuchhaltung werden immer direkt im Hauptbuch als »Hauptbuchbeleg« fortgeschrieben. Die Einzelposten aus den Tabellen ANEP (Anlagen-Einzelposten), ANEA (Anlagen-Einzelposten anteilige Werte), ANLP (Anlagen-Periodenwerte), ANLC (Anlagen-Wertfelder) und ANEK (Belegkopf Anlagenbuchung) werden nun in die ACDOCA aufgenommen. Die Daten der ANEK-Tabelle finden sich in der Tabelle BKPF (Belegkopf für Buchhaltung). Es kommt zu einer Verschmelzung von Anlagen- und Hauptbuchbelegen. Das Ergebnis ist eine Vereinfachung durch das Ablösen von redundanten, d.h. mehrfach abgelegten Daten.

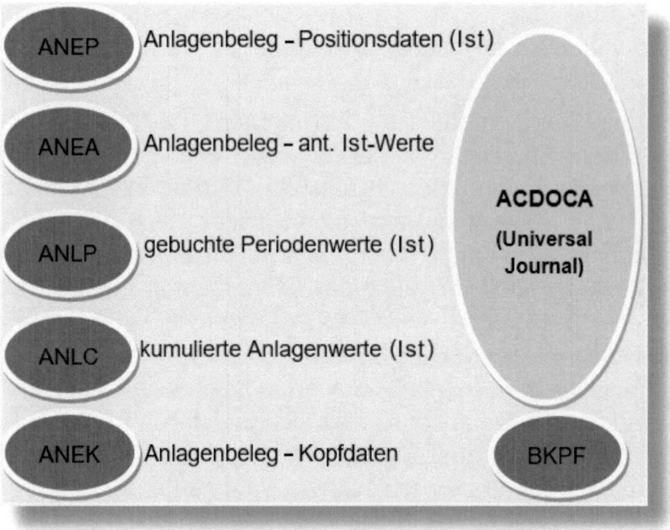

Abbildung 2.21: Neues Datenmodell – Ist-Daten

In Abbildung 2.22 sehen Sie die technische Struktur der neuen Tabelle *ACDOCA*, des sogenannten *Universal Journals*. Mit dem Release SAP S/4HANA Finance 1503 wurde eine breitere Tabelle geschaffen, die für SAP S/4HANA perfektioniert wurde.

Wie Sie sehen können, hat diese Tabelle ungefähr 470 Spalten. Die genaue Anzahl hängt von den eingesetzten Branchenlösungen und von der Verwendung von Extensions im Coding-Block `CI_COBL` ab. Die Buchungszeile ist sechsstellig, und die alte Zeilengrenze bei 999 besitzt mit dieser Änderung keine Relevanz mehr.

Abbildung 2.23 zeigt Ihnen die geänderte Datenstruktur in der Anlagenbuchhaltung. Nachdem die Summen- und Indextabellen abgeschafft waren, musste die SAP das Funktionieren einiger Standardprogramme von SAP ERP sowie der bestehenden kundeneigenen Programme

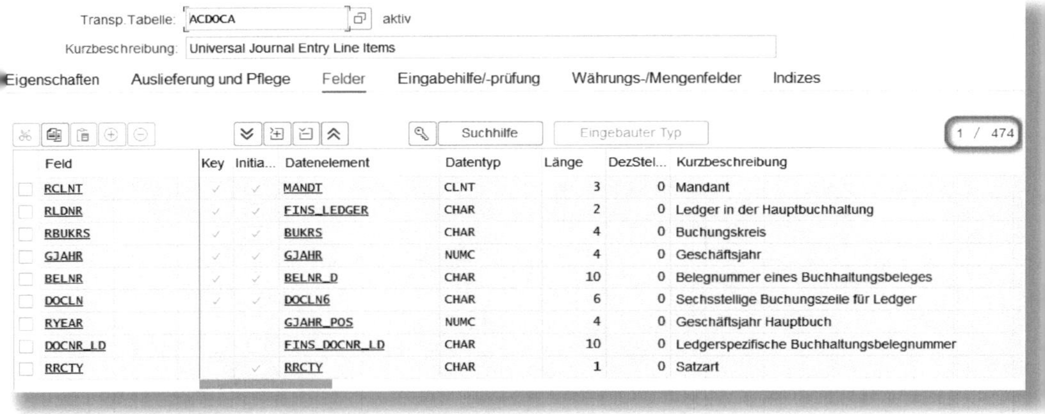

Transp.Tabelle: ACDOCA aktiv

Kurzbeschreibung: Universal Journal Entry Line Items

Eigenschaften | Auslieferung und Pflege | Felder | Eingabehilfe/-prüfung | Währungs-/Mengenfelder | Indizes

Suchhilfe | Eingebauter Typ | 1 / 474

Feld	Key	Initia...	Datenelement	Datentyp	Länge	DezStel...	Kurzbeschreibung
RCLNT	✓	✓	MANDT	CLNT	3	0	Mandant
RLDNR	✓	✓	FINS_LEDGER	CHAR	2	0	Ledger in der Hauptbuchhaltung
RBUKRS	✓	✓	BUKRS	CHAR	4	0	Buchungskreis
GJAHR	✓	✓	GJAHR	NUMC	4	0	Geschäftsjahr
BELNR	✓	✓	BELNR_D	CHAR	10	0	Belegnummer eines Buchhaltungsbeleges
DOCLN	✓	✓	DOCLN6	CHAR	6	0	Sechsstellige Buchungszeile für Ledger
RYEAR			GJAHR_POS	NUMC	4	0	Geschäftsjahr Hauptbuch
DOCNR_LD			FINS_DOCNR_LD	CHAR	10	0	Ledgerspezifische Buchhaltungsbelegnummer
RRCTY		✓	RRCTY	CHAR	1	0	Satzart

Abbildung 2.22: Neue Tabelle ACDOCA

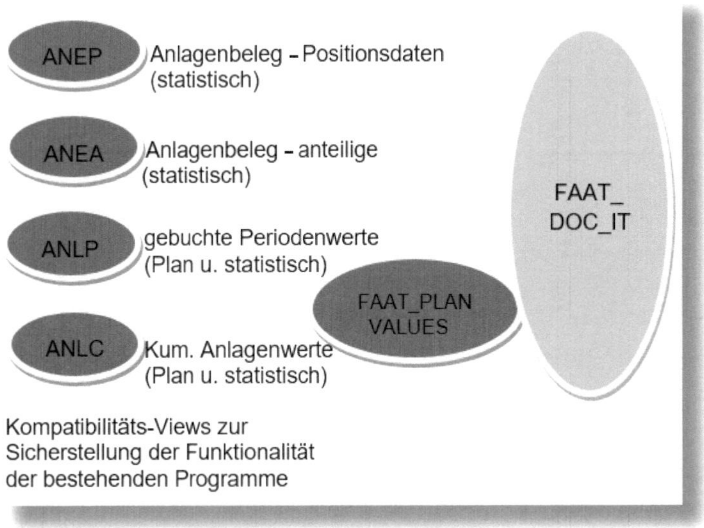

Abbildung 2.23: Neues Datenmodell – Plan- und statistische Daten

gewährleisten, die diese Daten lesen. Dafür wurden die alten Summen- und Indextabellen durch gleichnamige Views ersetzt, die die Verwendung der Datenanalyse über alte Informationsberichte, also Identifikationsdaten von Nutzern sowie Queries und Tabellen, ermöglichen. Abbildung 2.24 zeigt beispielhaft den *Kompatibilitäts-View* der Tabelle ANLC. Darüber hinaus wird die Tabelle FAAT_DOC_IT für die Buchungen statistischer Daten wie beispielsweise für kalkulatorische und Steuerzwecke eingesetzt. In der Tabelle FAAT_PLAN_VALUES werden die geplanten Werte aus den Tabellen ANLP und ANLC gespeichert. Diese entstehen, sobald Sie den Abschreibungsschlüssel, die Nutzungsdauer oder die Kostenstelle ändern.

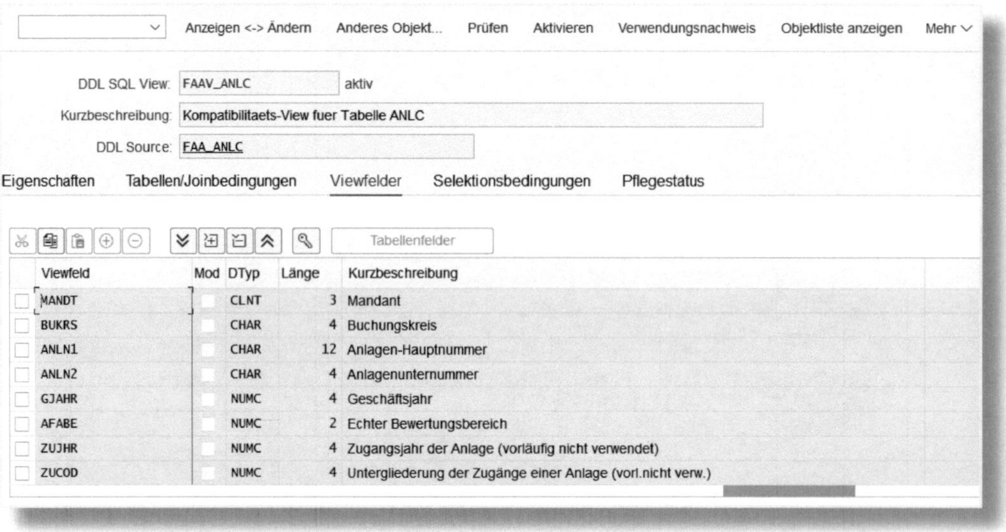

Abbildung 2.24: View der Indextabelle FAAV_ANLC

Da somit alle für die Anlagenbuchhaltung benötigten Daten physisch in der Einzelpostentabelle ACDOCA abgelegt sind, ist diese Tabelle in SAP S/4HANA die einzige Quelltabelle, aus der Sie »on-the-fly« die Saldenanzeige aufbauen. Wenn Sie sich mit der Transaktion *SE16N* die kumulierten Anlagenwerte zu der Tabelle *ANLC* (siehe Abbildung 2.25) anzeigen lassen, erhalten Sie ein Ergebnis, das unmittelbar zur Laufzeit der Selektion aus physisch vorhandenen Einzelposten der Tabelle ACDOCA ermittelt worden ist. Die herkömmlichen Programme funktionieren aufgrund der Einführung und Nutzung von Kompatibilitäts-Views nach wie vor.

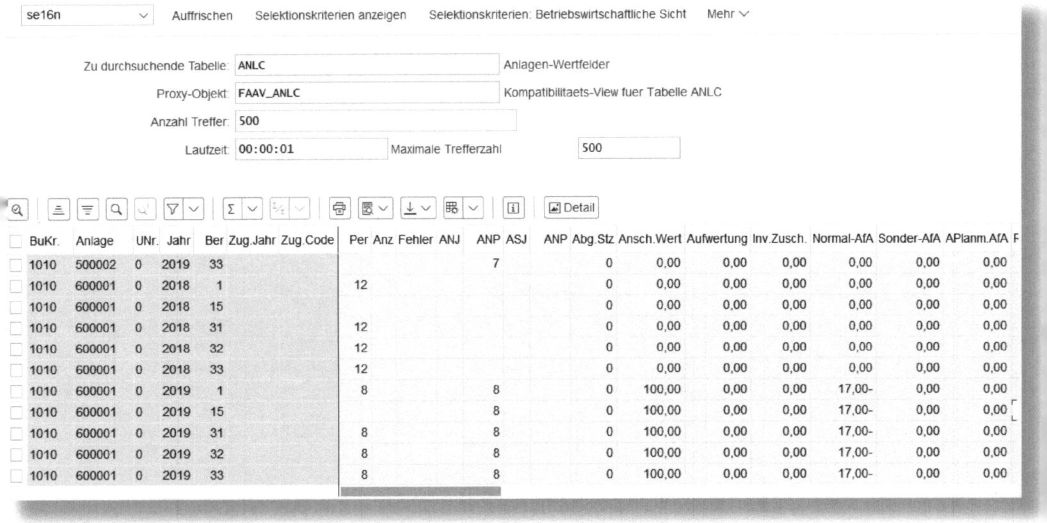

BuKr.	Anlage	UNr.	Jahr	Ber	Zug.Jahr	Zug.Code	Per	Anz	Fehler	ANJ	ANP	ASJ	ANP	Abg.Stz	Ansch.Wert	Aufwertung	Inv.Zusch.	Normal-AfA	Sonder-AfA	APlanm.AfA	F
1010	500002	0	2019	33							7			0	0,00	0,00	0,00	0,00	0,00	0,00	
1010	600001	0	2018	1			12							0	0,00	0,00	0,00	0,00	0,00	0,00	
1010	600001	0	2018	15										0	0,00	0,00	0,00	0,00	0,00	0,00	
1010	600001	0	2018	31			12							0	0,00	0,00	0,00	0,00	0,00	0,00	
1010	600001	0	2018	32			12							0	0,00	0,00	0,00	0,00	0,00	0,00	
1010	600001	0	2018	33			12							0	0,00	0,00	0,00	0,00	0,00	0,00	
1010	600001	0	2019	1			8				8			0	100,00	0,00	0,00	17,00-	0,00	0,00	
1010	600001	0	2019	15							8			0	100,00	0,00	0,00	17,00-	0,00	0,00	
1010	600001	0	2019	31			8				8			0	100,00	0,00	0,00	17,00-	0,00	0,00	
1010	600001	0	2019	32			8				8			0	100,00	0,00	0,00	17,00-	0,00	0,00	
1010	600001	0	2019	33			8				8			0	100,00	0,00	0,00	17,00-	0,00	0,00	

Abbildung 2.25: Vorhandene Einträge in der ANLC

Zusammenfassend möchten wir noch einmal die Vorteile der Tabelle ACDOCA/des Universal Journals herausstellen:

- Harmonisierung des externen und internen Reportings,
- höhere Flexibilität im Reporting und bei Analysen,
- kein Abstimmungsaufwand mehr zwischen Hauptbuch und Anlagenbuch,
- Verschmelzung der einzelnen Belege aus diversen SAP-Modulen,
- reduzierter Speicherbedarf,
- *Kompatibilitäts-Views* zur Darstellung der Summen- und Indextabellen,
- weiterhin funktionierende SAP-Standardprogramme und Kundeneigenentwicklungen, und nicht zuletzt
- läuft das Reporting problemlos.

2.4 Funktionale Änderungen in der neuen Anlagenbuchhaltung

Die neue Anlagenbuchhaltung wurde bereits mit EHP 7 für SAP ERP eingeführt; im Zuge dessen kam es auch zu den meisten Änderungen. An dieser Stelle möchten wir Ihnen die wichtigsten funktionalen Anpassungen in SAP S/4HANA vorstellen.

1. Um die Delta-Bewertungsbereiche aufheben zu können, ist ein **neues technisches Verrechnungskonto** notwendig. Wie und wo dieses zum Einsatz kommt, wird in Kapitel 4 näher beschrieben.

2. Die **Rechnungslegungsvorschrift** rückt in den Vordergrund. Sie haben nun die Möglichkeit, während der Buchung mit der Transaktion *AB01* eine Rechnungslegungsvorschrift auszuwählen und damit auf sie einzuschränken. Das hat den Vorteil, dass Sie z.B. die Abschreibung pro Rechnungslegungsvorschrift starten können. In SAP S/4HANA wird anstelle der Ledgergruppe oder Bewegungsart das Feld RECHNUNGSLEGUNGSVORSCHR. für das Buchen in bestimmte Bewertungsbereiche verwendet. Über dieses Feld wird die im Customizing zugeordnete Ledgergruppe gefunden.

3. Durch die geänderte Tabellenstruktur fehlen die folgenden Transaktionen in SAP S/4HANA:

   - Transaktion *ASKB – Periodische Anlagenbuchungen*:
     Der periodische Bestandsbuchungslauf entfällt, da die Anlagenbewegungen für zusätzliche Ledger in Echtzeit im Hauptbuch gebucht werden.

   - Transaktion *AJRW – Jahreswechsel*:
     Der Jahreswechsel in der Anlagenbuchhaltung erfolgt gemeinsam mit dem Saldovortrag im FI nur noch mittels Transaktion *FAGLGVTR*.

   - Transaktion *ABST2 – Abstimmungsanalyse FI-AA*

   - Transaktion *ABST – Konsistenzprüfung Hauptbuch und Anlagenbuchhaltung*:
     Das gleichzeitige Fortschreiben von Hauptbuchkonten und Anlagen macht eine Abstimmung der Anlagenbewegungen mit

dem Hauptbuch obsolet. Im Hinblick auf die Jahresabschlussarbeiten ist die einzige Änderung, dass der Jahreswechsel für die Anlagen anhand der Transaktion *FAGLGVTR* erfolgt, die Ihnen bereits aus dem neuen Hauptbuch in SAP ERP (Saldovortrag pro Ledger) geläufig ist. Wenn also die Transaktion *FAGLGVTR* für ein bestimmtes Ledger gestartet wird, werden nicht nur die Sachkontensalden vorgetragen, vielmehr wird auch das neue Geschäftsjahr für die Anlagenbuchhaltung eröffnet.

An dieser Stelle möchten wir nicht näher auf diese Änderungen eingehen, da diese Thematik im Abschnitt 5.1 detailliert behandelt wird.

2.5 Auswirkungen auf das bestehende Customizing

Um die neue Anlagenbuchhaltung in SAP S/4HANA verwenden zu können, müssen in einem ersten Schritt die Customizing-Einstellungen geprüft und gegebenenfalls ergänzt werden. In diesem Abschnitt beschäftigen wir uns damit, welche Vorbereitungen zu treffen und welche Einstellungen genau anzupassen sind.

Vor der Migration auf die neue Anlagenbuchhaltung umsteigen

Bevor Sie mit den Migrationsarbeiten zu SAP S/4HANA beginnen, sollten Sie nach Empfehlungen der SAP zuerst auf die neue Anlagenbuchhaltung umsteigen.

Da es einige Restriktionen für die Nutzung der neuen Anlagenbuchhaltung gibt, müssen Sie darauf achten, dass die im folgenden Kasten angegebenen Fälle bei Ihnen nicht zutreffen:

Restriktionen

Sie können die neue Anlagenbuchhaltung nicht anwenden, wenn bei Ihnen gleichzeitig die folgenden Funktionen im Einsatz sind:

- *SAP Joint Venture Accounting*
- *Lease Accounting Engine*
- *Klassisches Immobilienmanagement (RE).*

Beim Einsatz des klassischen Immobilienmanagements muss auf das flexible Immobilienmanagement (RE-FX) umgestiegen werden. Und falls Sie SAP Joint Venture Accounting oder die Lease Accounting Engine nutzen, nehmen Sie bitte Kontakt mit dem SAP-Support auf.

Ferner gilt die bereits aus dem neuen Hauptbuch bekannte Einschränkung bei unterschiedlichen Geschäftsvarianten in verschiedenen Ledgern eines Buchungskreises. Bitte beachten Sie dazu den OSS-Hinweis 2220152 (Ledgerlösung und neue Anlagenbuchhaltung: abweichende Geschäftsvariante bei paralleler Bewertung). Danach gilt, dass bei Einsatz einer abweichenden Geschäftsvariante vor der Migration auf SAP S/4HANA im neuen Hauptbuch ein weiteres technisches Ledger einzurichten ist. Wie Sie dabei vorgehen müssen, ist im erwähnten Hinweis ausführlich erklärt.

Beginnen Sie nun, indem Sie mittels eines Prüfreports kontrollieren, ob die neue Anlagenbuchhaltung in Ihrem System bereits aktiv ist. Sollte dies noch nicht der Fall sein, starten Sie zur Aktivierung die Transaktion *FAA_CHECK_ACTIVATION* (siehe Abbildung 2.26) oder folgen Sie dem IMG-Pfad FINANZWESEN • ANLAGENBUCHHALTUNG • MIGRATION: ANLAGENBUCHHALTUNG (NEU) • MIGRATION VON KLASSISCHER ZU NEUER ANLAGENBUCHHALTUNG • MIGRATION FÜR DIE NEUE ANLAGENBUCHHALTUNG • VORAUSSETZUNG FÜR DIE AKTIVIERUNG DER NEUEN ANLAGENBUCHHALTUNG PRÜFEN.

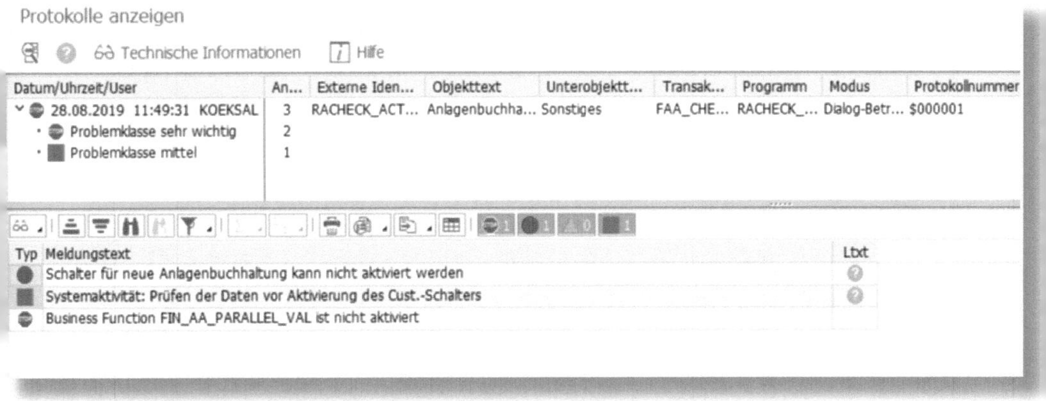

Abbildung 2.26: Transaktion »FAA_CHECK_ACTIVATION«

Wie Sie in diesem Beispiel sehen können, kann die neue Anlagenbuchhaltung nicht aktiviert werden, da die Voraussetzung *Business Function FIN_AA_PARALLEL_VAL* inaktiv ist. Bevor Sie mit den nächsten Schritten fortfahren können, müssen Sie diese Business Function aktivieren und den Checkreport erneut ausführen, bis keine Fehlermeldungen mehr auftreten.

Sobald Sie alle Voraussetzungen für die neue Anlagenbuchhaltung erfüllt haben, wiederholen Sie die Transaktion *FAA_CHECK_ACTIVATION*.

Prüfung in jedem Mandanten bzw. System

Die Transaktion *FAA_CHECK_ACTIVATION* muss in jedem Mandanten bzw. System durchgeführt werden.

Falls Sie das neue Hauptbuch mit einer Ledgerlösung sowie das EHP 7 mit einem aktuellen Support Package verwenden, können Sie bereits von der neuen Anlagenbuchhaltung profitieren und die neue Buchungslogik nutzen. Allerdings wird die neue Tabellenstruktur erst mit der Migration auf SAP S/4HANA aktiv.

Setzen Sie jedoch noch die parallele Hauswährung ein, müssen Sie größere Customizing-Einstellungen vornehmen. In diesem Fall wird zwingend für jede parallele Währung im Hauptbuch ein paralleler Bewertungsbereich benötigt. Der Grund dafür ist die Verschmelzung der Hauptbuch- und Anlagebelege in der Tabelle ACDOCA. An dieser Stelle sollten die Checkreports so rasch wie möglich durchgeführt und die eventuell noch fehlenden parallelen Bewertungsbereiche eingerichtet werden.

Nur der Bewertungsplan, die Bewertungsbereiche sowie die Kontenfindung sind von den Änderungen im Customizing für die neue Anlagenbuchhaltung betroffen. Die restlichen Customizing-Einstellungen für Anlagenklassen, Bewegungsarten und Bildaufbau bleiben unverändert bestehen.

Mit der Umstellung auf SAP S/4HANA ändert sich auch der Einführungsleitfaden für die Anlagenbuchhaltung (siehe Abbildung 2.27). Der alte IMG-Baum wird komplett abgelöst und zusätzliche Einstellungen, wie beispielsweise Technisches Verrechnungskonto für integrierten Anlagenzugang, kommen hinzu.

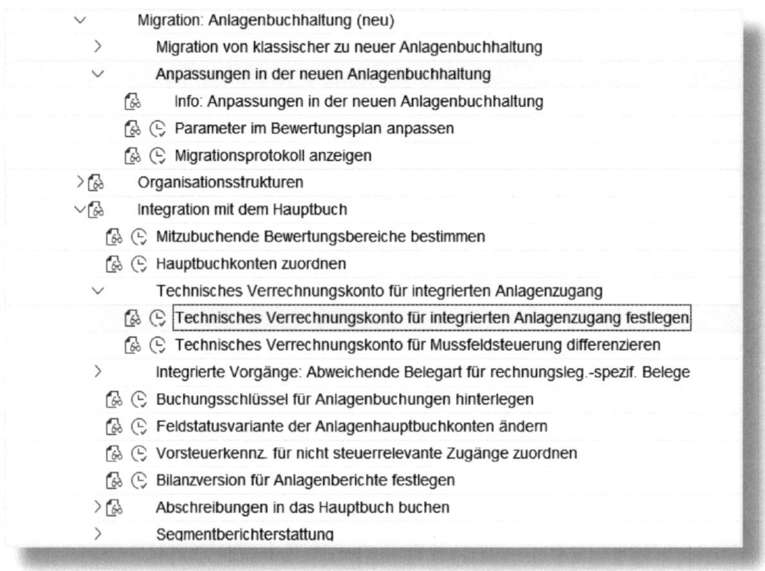

Abbildung 2.27: IMG-Baum »Neue Anlagenbuchhaltung«

Außerdem müssen Sie die Bewertungsbereiche definieren. Folgen Sie dem IMG-Pfad Finanzwesen • Anlagenbuchhaltung • Migration: Anlagenbuchhaltung (neu) • Bewertung Allgemein • Bewertungsbereiche • Bewertungsbereiche Definieren • Doppelklick auf Bewertung Definieren, und wählen Sie Ihren Bewertungsplan aus.

Abbildung 2.28 zeigt, dass hier jedem Bewertungsbereich, egal, ob Buchungen getätigt werden oder nicht, eine Rechnungslegungsvorschrift (RLV) zugeordnet wird. Die Ledger-Gruppe wird aus der RLV abgeleitet und dann beim Buchen fortgeschrieben. Wie Sie aus der Struktur der Bewertungsbereiche erkennen können, hat im Hauptbuch jede mitzuführende parallele Hauswährung genau einen Bewertungsbereich in der Anlagenbuchhaltung wie z. B. den Bewertungsbereich 01. Auch wenn auf lokalen Ledgern, hier beispielhaft die Bewertungsbereiche 15 und 31, parallele Währungen bebucht werden, müssen Sie zwingend weitere Bewertungsbereiche für die parallele Hauswährung anlegen.

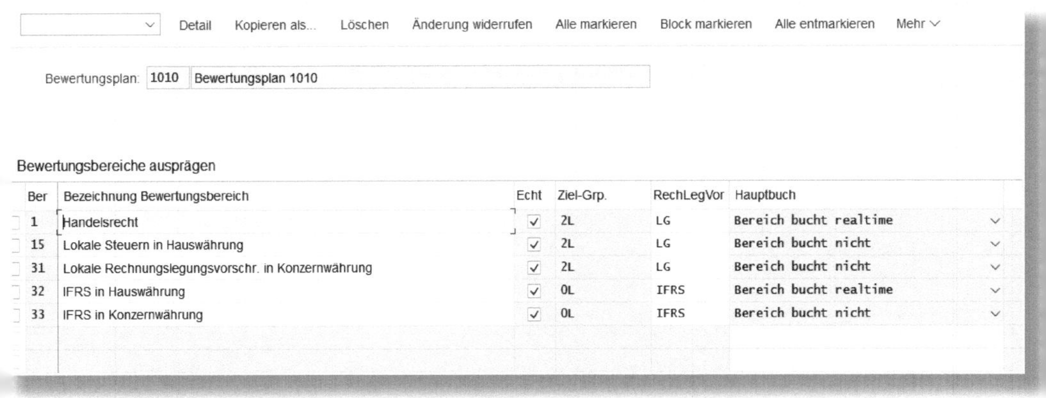

Ber	Bezeichnung Bewertungsbereich	Echt	Ziel-Grp.	RechLegVor	Hauptbuch
1	Handelsrecht	✓	2L	LG	Bereich bucht realtime
15	Lokale Steuern in Hauswährung	✓	2L	LG	Bereich bucht nicht
31	Lokale Rechnungslegungsvorschr. in Konzernwährung	✓	2L	LG	Bereich bucht nicht
32	IFRS in Hauswährung	✓	0L	IFRS	Bereich bucht realtime
33	IFRS in Konzernwährung	✓	0L	IFRS	Bereich bucht nicht

Abbildung 2.28: Zuordnung RLV – Bewertungsbereich

Im Detailbild (Abbildung 2.29) sehen Sie, wie Sie das Buchen im Hauptbuch einrichten können. Im Feld Abweichender Bewertungsbereich geben Sie den Bewertungsbereich ein, in dem Sie die Kontenfindung hinterlegt haben, um ihn bei der Buchung in eine parallele Rechnungslegung zu verwenden.

Allerdings ist Folgendes zu beachten:

- Bei Verwendung einer **Ledgerlösung** geben Sie in diesem Feld in der Regel den Bewertungsbereich an, der in Echtzeit AHK in die Ledger-Gruppe bucht, die das führende Ledger enthält.
- Wenn Sie die **Kontenlösung** nutzen (vgl. Abschnitt 2.1.2), dann ist der Einsatz identischer Konten für unterschiedliche Bewertungsbereiche nur in Ausnahmefällen sinnvoll. Daher bleibt das Feld gemeinhin leer.

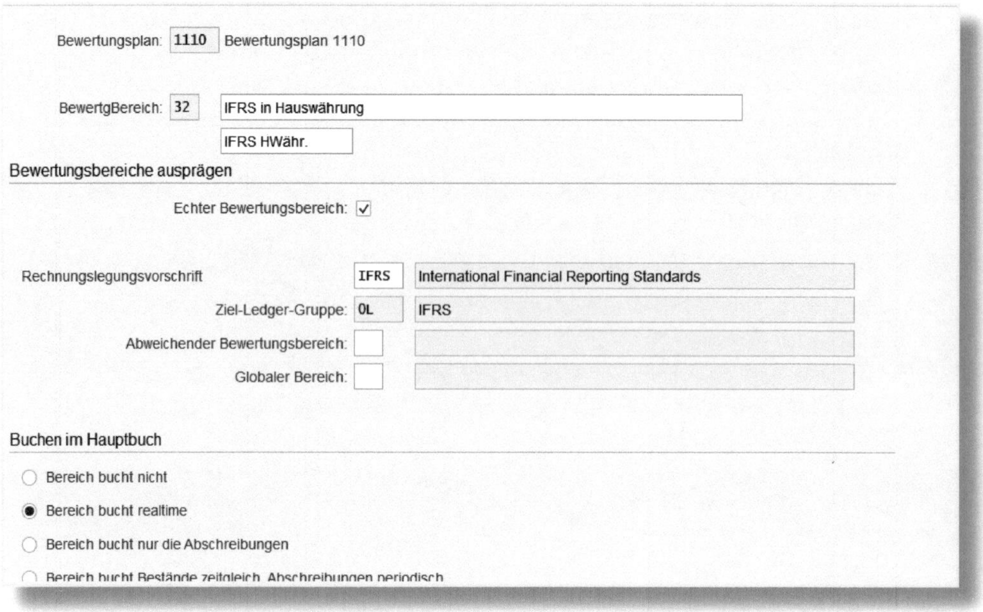

Abbildung 2.29: Buchungsverhalten des Bewertungsbereichs festlegen

Gewöhnlich müssen Sie noch die Einstellungen in AHK-Wertübernahme festlegen und Übernahme der Bewertungsparameter festlegen (siehe Abbildung 2.30) ändern.

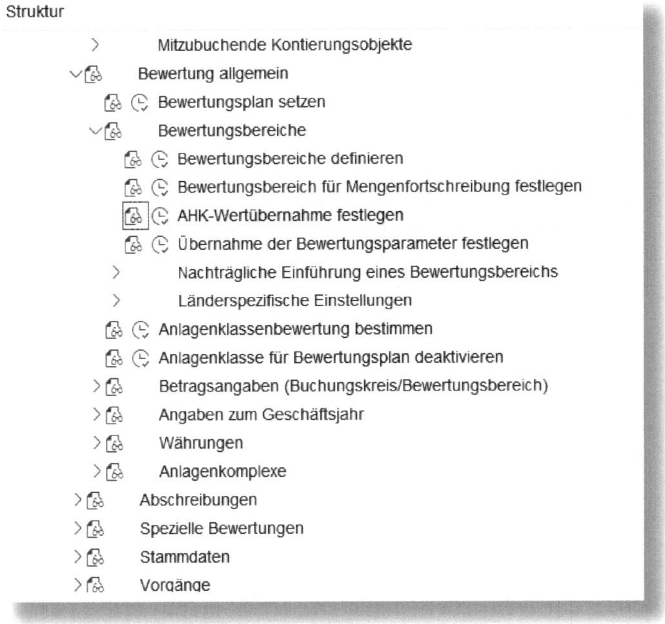

Abbildung 2.30: AHK-Wertübernahme festlegen – Übernahme der Bewertungsparameter festlegen

Für die erste Einstellung folgen Sie dem IMG-Pfad FINANZWESEN • ANLAGENBUCHHALTUNG • BEWERTUNG ALLGEMEIN • BEWERTUNGSBEREICHE • AHK-WERTÜBERNAHME FESTLEGEN.

Hier definieren Sie die Übernahmeregeln für die Buchungswerte der Bewertungsbereiche. Auf diese Weise wird sichergestellt, dass bestimmte Bewertungsbereiche einheitliche Bestände führen (siehe Abbildung 2.31).

Sie bestimmen an dieser Stelle den Referenzbereich, also denjenigen Bewertungsbereich, aus dem beim Buchen AHK-relevanter Bewegungen der Buchungsbetrag übernommen wird. Sie legen zudem fest, ob diese Übernahme zwingend oder optional sein soll, indem Sie hier das Kennzeichen im Feld IDENT. (identisch) setzen. Das Setzen bewirkt eine unerlässliche Übernahme aller AHK-relevanten Buchungswerte ohne Änderungsmöglichkeit. Bei einer optionalen Übernahme können

Sie beim Buchen mittels einer Feldstatusvariante oder Belegart bereichsrelevante Buchungsdaten angeben.

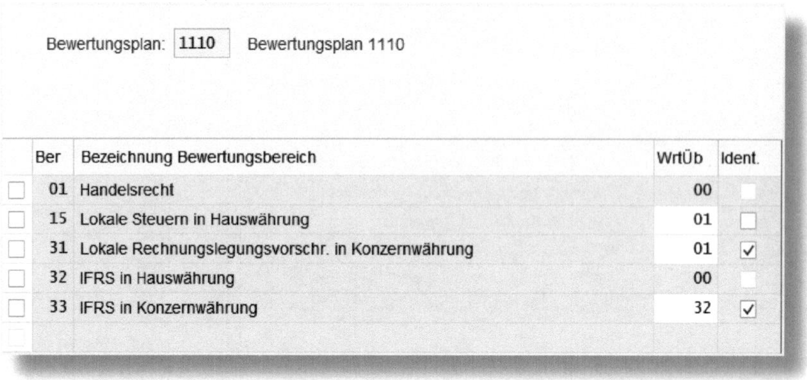

Abbildung 2.31: AHK-Wertübernahme

Beispielsweise müssen Sie für Bewertungsbereiche, die das Anlagevermögen in einer anderen Währung, aber mit identischen Wertansätzen zur Hauswährung ausweisen sollen, eine zwingende Übernahme der Buchungswerte aus dem Referenzbereich (d. h. aus dem buchenden Bereich der entsprechenden RLV) festlegen.

Folgende Punkte sind dabei zu beachten:

- Eine Übernahme von AHK-Werten ist nur aus Bewertungsbereichen möglich, denen jeweils dieselbe RLV zugeordnet ist.
- Für die Bewertungsbereiche, die ihre AHK »realtime« in die Hauptbuchhaltung buchen (d. h., für die Sie im Customizing der Anlagenbuchhaltung unter Bewertungsbereich definieren das Kennzeichen *Bereich bucht realtime* bzw. *Bereich bucht Bestände zeitgleich, Abschreibungen periodisch* gesetzt haben), gilt:
  - Sie dürfen nie Werte aus einem anderen Bewertungsbereich übernehmen. In diesem Fall wird der Schlüssel im Feld WrtÜb (Wertübernahme) auf initial gesetzt, das bedeutet, für den Bewertungsbereich wird der Schlüssel 00 angezeigt.

- Bei der Wertübernahme zwischen den Bewertungsbereichen spielt es keine Rolle, ob der Bewertungsbereich die Werte aus einem Bereich übernimmt, dessen Schlüssel kleiner oder größer ist als sein eigener Schlüssel.

Um die Übernahme der Bewertungsparameter festlegen zu können, folgen Sie dem IMG-Pfad FINANZWESEN • ANLAGENBUCHHALTUNG • BEWERTUNG ALLGEMEIN • BEWERTUNGSBEREICHE • ÜBERNAHME DER BEWERTUNGSPARAMETER FESTLEGEN (siehe Abbildung 2.30).

In dieser Einstellung legen Sie fest, wie die AfA-Parameter (Abschreibungsparameter) für einen Bewertungsbereich aus einem anderen Bewertungsbereich übernommen werden sollen (siehe Abbildung 2.32). Sie bestimmen, indem Sie das Kennzeichen im Feld IDENTISCH setzen, ob die Werteübernahme zwingend erfolgen soll.

Bewertungsplan: 1010 Bewertungsplan 1010

Ber	Bezeichnung Bewertungsbereich	PÜb	Identisch
01	Handelsrecht	00	
15	Lokale Steuern in Hauswährung		☐
31	Lokale Rechnungslegungsvorschr. in Konzernwährung	01	☑
32	IFRS in Hauswährung	00	
33	IFRS in Konzernwährung	32	☑

Abbildung 2.32: Übernahmeregel für die AfA-Parameter

Bei einer optionalen Übernahme können Sie einerseits im Anlagenstammsatz die vorgeschlagenen AfA-Parameter in den abhängigen Bereichen ändern. Andererseits erlaubt die zwingende Übernahme keine Pflege der AfA-Parameter im Anlagenstammsatz. Dadurch stellen Sie sicher, dass in ausgewählten Bewertungsbereichen einheitlich abgeschrieben wird.

Beachten Sie allerdings Folgendes:

- Eine Übernahme der AfA-Parameter ist lediglich aus den Bewertungsbereichen möglich, die dieselbe Ledger-Gruppe verwenden.
- Für diejenigen Bewertungsbereiche, die die AHK »realtime« in die Hauptbuchhaltung buchen, gilt:
  - AHK-führende Bewertungsbereiche dürfen **niemals** AfA-Parameter aus einem anderen Bewertungsbereich übernehmen. In diesem Fall geben Sie im Feld PÜB (Parameterübenahme) als Schlüssel für den Bewertungsbereich *00* (siehe Abbildung 2.32) an.
  - Die »realtime« buchenden Bewertungsbereiche, beispielsweise Investitionsförderungsbereiche, dürfen AfA-Parameter von einem anderen Bewertungsbereich übernehmen, sofern der die gleiche Ledger-Gruppe aufweist.

Als weiteren wichtigen Schritt sollten Sie vor der Migration das Programm aus SAP-Hinweis 1939592 (SFIN: Vorprüfungsreport zum Migrieren in neue Anlagenbuchhaltung) auszuführen. Den Report *RASFIN_MIGR_PRECHECK* verwenden Sie, wenn Sie im Rahmen der Migration auf SAP S4/HANA von der klassischen Anlagenbuchhaltung zur neuen Anlagenbuchhaltung migrieren möchten.

Dieser Report prüft in der FI-AA für alle aktivierten Buchungskreise, ob sie die Voraussetzungen für die neue Anlagenbuchhaltung erfüllen (siehe Abbildung 2.33).

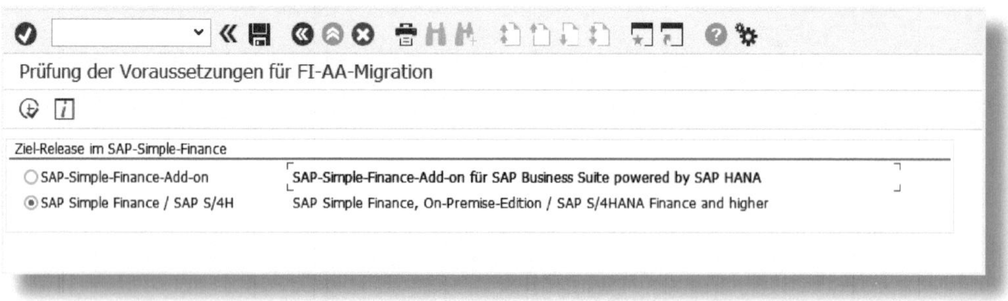

Abbildung 2.33: Report »RASFIN_MIGR_PRECHECK«

Sollten notwendige Bedingungen nicht gegeben sein, listet dieser Prüfreport entsprechende Fehler auf, wie beispielsweise:

- fehlende Konsistenz der Ledgerzuordnung zwischen den Buchungskreisen und dem Bewertungsplan,
- Jahresbeginn und -ende der repräsentativen Ledger der zugeordneten Ledger-Gruppe sind nicht identisch,
- Verrechnungskonten sind OP-verwaltet.

Vorprüfungsreport

Prüfreport *RASFIN_MIGR_PRECHECK* (SFIN: Vorprüfungsreport zum Migrieren in neue Anlagenbuchhaltung) weist Fehler in den Customizing-Einstellungen aus.

Außerdem sollten Sie kontrollieren, ob Sie alle verfügbaren SAP-Hinweise eingebaut haben, die den Report *RASFIN_MIGR_PRECHECK* betreffen.

Prüfreport für die neue Anlagenbuchhaltung

Die Customizing-Einstellungen für die neue Anlagenbuchhaltung müssen korrekt eingerichtet sein. Ist dies nicht der Fall, können Sie Ihre Angaben **nicht sichern**! Mit den Customizing-Aktivitäten sollten Sie frühzeitig beginnen, d. h. vor der Aktivierung der neuen Anlagenbuchhaltung und demgemäß auch vor der Migration auf SAP S/4HANA Finance.

Wie bereits eingangs erwähnt, bleiben die restlichen Customizing-Einstellungen für Anlagenklassen, die Bewegungsarten und sowie für den Bildaufbau unverändert.

3 Geschäftsprozesse

Die SAP-Anlagenbuchhaltung bildet den gesamten Lebenszyklus der Vermögenswerte eines Unternehmens von der Bestellung oder Aktivierung eines Wirtschaftsguts bis hin zu dessen Ausbuchung ab. Innerhalb dieses Zeitraums sind eine Reihe von Buchungsvorgängen erforderlich, die Ihnen in diesem Kapitel beschrieben und anhand der relevanten SAP-Transaktionen dargestellt werden. Dabei werden auch die zu den Transaktionen alternativ aufrufbaren Applikationen (Apps) in SAP Fiori angeführt, dessen Benutzeroberfläche im Abschnitt 5.2 näher erläutert wird.

3.1 Überblick

Der Lebenszyklus einer Anlage beginnt grundsätzlich mit deren Erwerb, der extern (*Fremdfertigung*) oder intern (*Eigenfertigung*) erfolgen kann.

Anlagen im Bau (AiB) sind Anlagen, die noch nicht fertiggestellt sind und deshalb noch nicht genutzt werden können. Häufig handelt es sich hierbei um Baumaßnahmen oder Eigenbauten. Anlagen im Bau sind vor allem Gebäude, aber auch größere Maschinen können unter diesen Begriff fallen. Auf einer AiB werden die Ausgaben gesammelt, die entstehen, um beispielsweise das Gerät in einen betriebsbereiten Zustand zu versetzen. Da eine Anlage im Bau noch nicht eingesetzt wird, erfolgt auch noch keine Abschreibung. Dies geschieht erst nach ihrer Aktivierung.

Nach der Aktivierung wird die Anlage periodisch über ihre gesamte Nutzungsdauer abgeschrieben. Falls eine Anlage nicht mehr benötigt oder genutzt wird, wird sie entweder an externe Kunden verkauft oder verschrottet.

Eine Anlage kann auch auf andere Gesellschaften innerhalb eines Konzerns (*Intercompany Transfer*) oder innerhalb einer Gesellschaft auf andere Werke (*Intracompany Transfer*) übertragen werden. Darüber hinaus kann es während der Lebensdauer einer Anlage notwendig sein, deren Wert auf der Grundlage des aktuellen Marktpreises neu zu berechnen.

Abbildung 3.1 zeigt Ihnen einen Überblick über die verschiedenen Transaktionen im Lebenszyklus der Anlagenbuchhaltung.

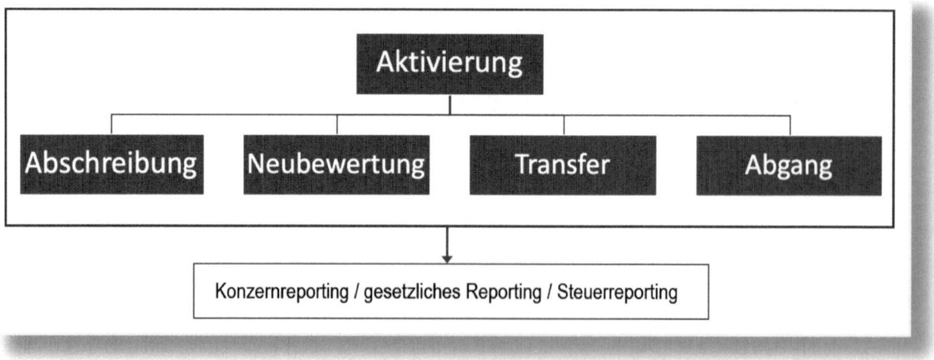

Abbildung 3.1: Übersicht über den Lebenszyklus einer Anlage

Diese Vorgänge innerhalb eines Unternehmens/Konzerns müssen den internationalen Rechnungslegungsstandards sowie lokalen Rechnungslegungsvorschriften und Berichtsanforderungen nationaler Behörden entsprechen.

3.2 Anlagenzugang

In SAP S/4HANA kann der Zugang einer Anlage anhand von drei unterschiedlichen Methoden erfolgen:

1. *Nicht integrierter Erwerb einer Anlage:*
   Anlagen- und Kreditorenbuchhaltung sind organisatorisch voneinander getrennt, und der Anlagenzugang erfolgt über ein (technisches) Verrechnungskonto.

2. *Integrierter Erwerb einer Anlage:*
   Anlagen- und Kreditorenbuchhaltung werden nicht streng voneinander getrennt verwaltet; in den meisten Fällen geschieht beides in Personalunion, und die Buchung erfolgt direkt auf das Kreditorenkonto.

3. *Integrierter Erwerb einer Anlage mit Materialwirtschaft:*
   Der Anlagenzugang ist ein ausgelagerter Prozess. Er findet unter Einsatz des SAP-Moduls Materialwirtschaft (MM) bereits mit dem Bestellvorgang statt.

3.2.1 Nicht integrierter Erwerb einer Anlage

Dieses Szenario kommt zur Anwendung, wenn die Rechnung vor der Anlage eintrifft oder die Anlage bereits geliefert wurde bzw. aktiviert werden soll, die Rechnung aber noch nicht vorliegt.

Aus Sicht der Kreditorenbuchhaltung wird die Rechnung auf ein (bereits im Customizing hinterlegtes) Verrechnungskonto als Gegenkonto gebucht (Buchung »Verrechnungskonto an Kreditor«). Alternativ kann es notwendig sein, die Anlage in der Anlagenbuchhaltung zunächst separat zu aktivieren, da sie bereits in Verwendung ist (Buchung »Anlage an Verrechnungskonto«). Die Entscheidung für die Reihenfolge der Buchungen hängt vom jeweiligen Geschäftsfall ab.

Die Zugangsbuchung erfolgt in S/4HANA mit der Transaktion *ABZOL – Anlagenbewegung erfassen: Zugang Gegenbuchung automatisch.*

Im Gegensatz zur Vorgängertransaktion *ABZON* in SAP ERP können Sie nun zusätzlich die Felder RECHNUNGSLEGUNGSVORSCHRIFT und BEWERTUNGSBEREICHE unabhängig voneinander selektieren (siehe Abbildung 3.2).

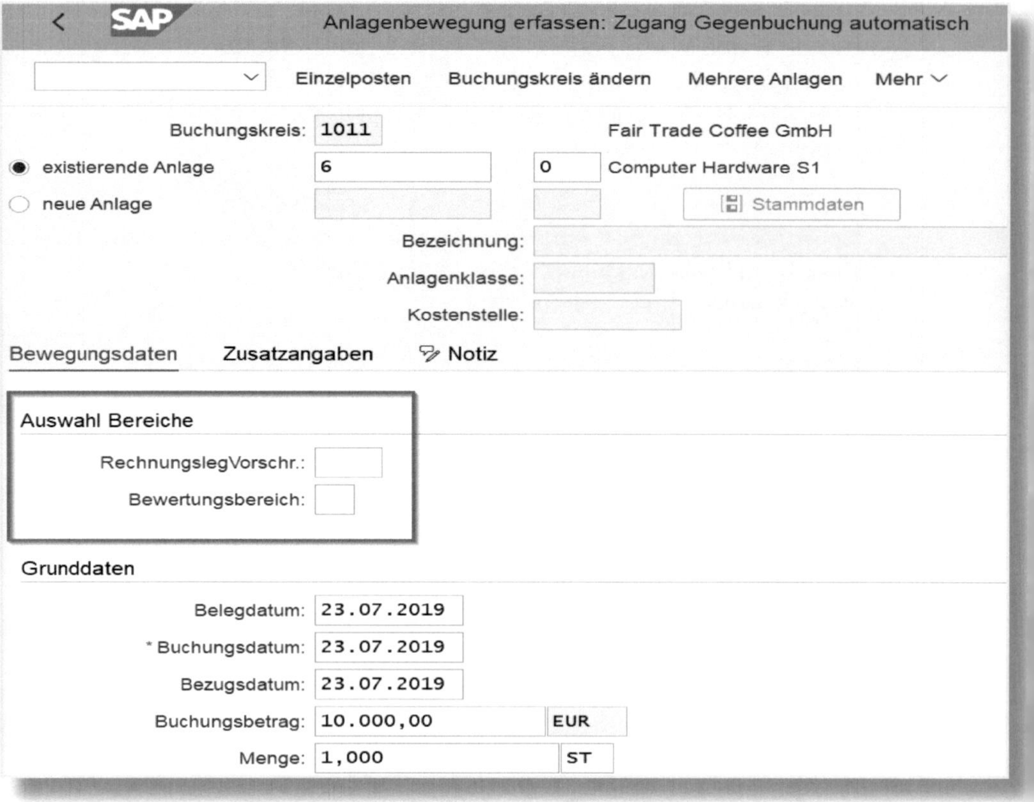

Abbildung 3.2: Transaktion »ABZOL« – nicht integrierter Anlagenzugang

Nach erfolgter Buchung können Sie die relevanten Informationen dem *Asset Explorer* (Transaktion *AW01N*) entnehmen.

Wie aus Abbildung 3.3 ersichtlich ist, wurden mit der Buchung gleichzeitig alle Ledger fortgeschrieben. Dies ist ein wesentlicher Unterschied zur alten Anlagenbuchhaltung, bei der nur das führende Ledger in Echtzeit fortgeschrieben wurde und am Periodenende mittels Transaktion *ASKB* (periodische Anlagenbuchungen) in die anderen Ledger gebucht werden musste. Wie Sie außerdem erkennen können, erfolgt die Strukturierung der Bewertungsbereiche anhand der Rechnungslegungsvorschriften und nicht mehr anhand der numerischen Reihenfolge der Bewertungsbereiche.

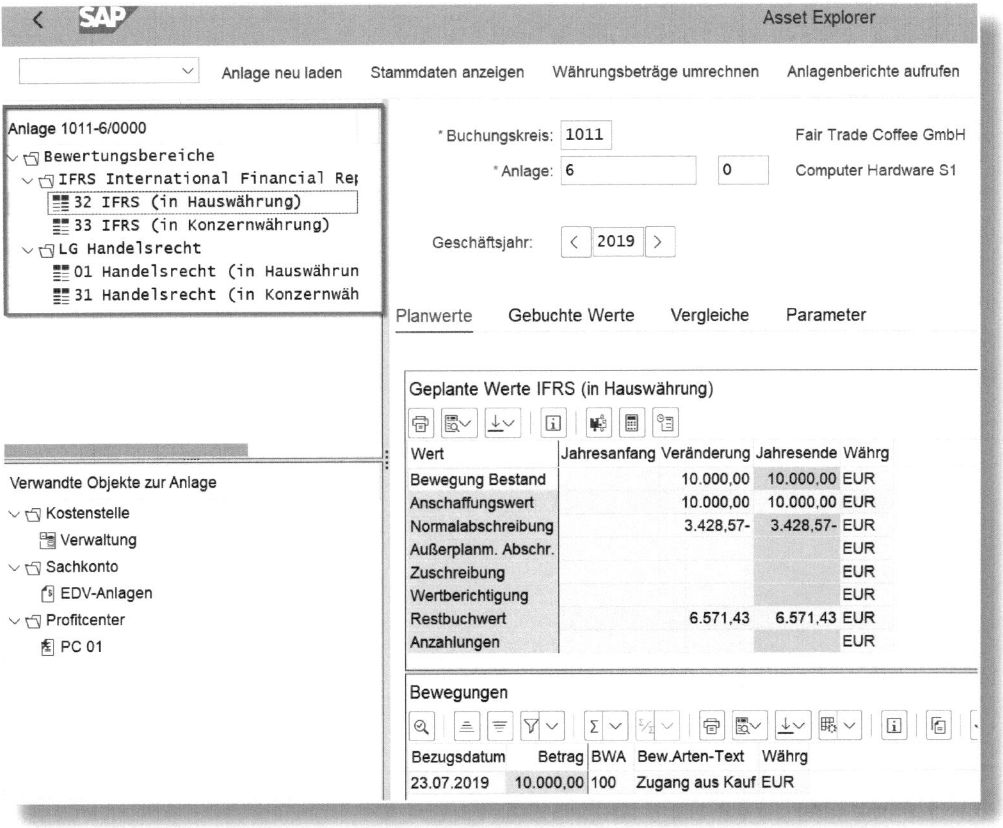

Abbildung 3.3: Transaktion »AW01N« – Asset Explorer nicht integriert

Für die beiden genannten Transaktionen stehen in SAP S/4HANA alternativ folgende Fiori-Apps zur Verfügung:

- Transaktion ABZOL – Fiori-App »Zugang buchen (nicht integriert) mit automatischer Gegenbuchung« sowie
- Transaktion AW01N – Fiori-App »Anlagenwerte«.

Aus Tabellensicht stellt sich die Situation nach der Buchung wie folgt dar: Pro Ledger wird ein Beleg in der Tabelle ACDOCA (Universal Journal) erstellt (siehe Abbildung 3.4). Zusätzlich werden die Belegkopfdaten belegweise in die Tabelle BKPF geschrieben (siehe Abbildung 3.5).

Zu durchsuchende Tabelle: ACDOCA

Anzahl Treffer: 2

Laufzeit: 0 Maximale Trefferzahl

Ld	BuKr.	Jahr	Belegnr	Σ Btr BukrsW	Konto	BuZei	GJHB	LSBelegnr.	S	BWA	VgAr
0L	1011	2019	10014	10.000,00	16040	000001	2019		0	120	ZUGA
2L	1011	2019	700009	10.000,00	16040	000001	2019		0	120	ZUGA
				▪ **20.000,00**							

Abbildung 3.4: Tabelle »ACDOCA«

Zu durchsuchende Tabelle: BKPF Belegkopf für Buchhaltung

Anzahl Treffer: 2

Laufzeit: 0 Maximale Trefferzahl 500

BuKr.	Belegnr	Jahr	Art	Belegdatum	Buch.dat.	Periode	Erfasst am	Erfasst um	Geändert	Lzt.Fsch	UmrechDat	Benutzer	TCode
1011	10014	2019	AA	23.07.2019	23.07.2019	7	23.07.2019	18:32:41			23.07.2019	ECKEL	ABZOL
1011	700009	2019	AA	23.07.2019	23.07.2019	7	23.07.2019	18:32:43			23.07.2019	ECKEL	ABZOL

Abbildung 3.5: Tabelle »BKPF«

3.2.2 Integrierter Erwerb einer Anlage (mit Integration der Kreditorenbuchhaltung)

In der Anlagenbuchhaltung mit Kreditorenintegration wird die Buchung durchgeführt, wenn eine Eingangsrechnung ohne Bezug zu einer Bestellung vorliegt.

Voraussetzung hierfür ist, dass die Anlage bereits im System angelegt ist. Darüber hinaus müssen im Customizing das technische Verrechnungskonto für den integrierten Anlagenzugang sowie die Bewegungsart für Anlagenzugänge eingestellt sein.

Die integrierte Zugangsbuchung erfolgt mit der Transaktion *F-90* (»Anlagenzugang durch Kauf mit Kreditor«; siehe Abbildung 3.6). Alternativ kann die Fiori-App »Zugang buchen (integriert) ohne Bestellung« verwendet werden.

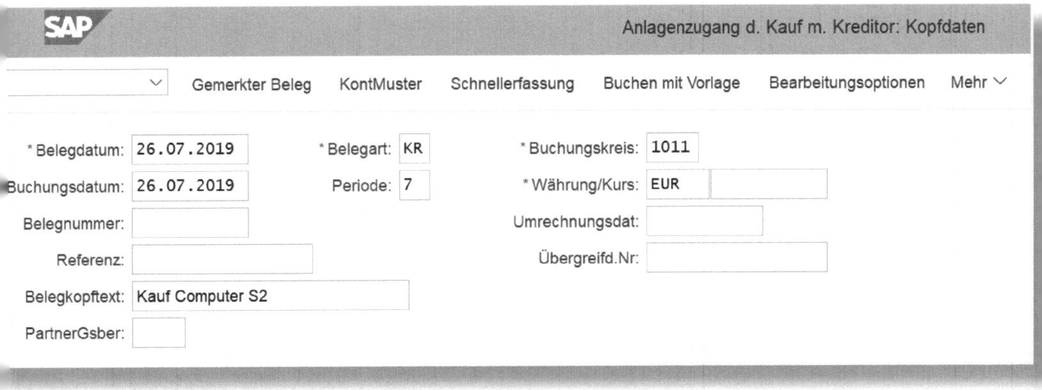

Abbildung 3.6: Transaktion »F-90« – Anlagenzukauf durch »Kauf mit Kreditor«

Regeln der Buchungserfassung

Für die Buchung sind ein Buchungsschlüssel und eine Bewegungsart einzugeben. Mit dem Buchungsschlüssel wird die Kombination aus Kontoart (Lieferant, Kunde, Anlage, Bestand oder Hauptbuch) und Soll-/Habenseite festgelegt (z. B. 31 für »Kreditor im Haben«, 70 für »Anlage im Soll«). Die Bewegungsart wiederum kennzeichnet die verschiedenen Vorgänge, die im Anlagengitter ausgewiesen werden (z. B. 120 für »Zugang aus Kauf«).

Der daraus resultierende Buchungsbeleg wird in zwei Teile gegliedert:

- **in den operativen Teil,** der allen Rechnungslegungsvorschriften gemeinsam zugeordnet wird, und
- **in den bewertenden Teil,** der jeder Rechnungslegungsvorschrift zugeordnet wird.

Im *operativen Buchungsbeleg* (Kreditorenrechnung) wird das technische Verrechnungskonto für integrierte Anlagenzugänge mit einer Verrechnung zum Kreditorenkonto belastet (Buchung »Technisches Verrechnungskonto an Kreditor«). Aus technischer Sicht wird ein von Ledger-Gruppen unabhängiger Beleg erzeugt (siehe Abbildung 3.7).

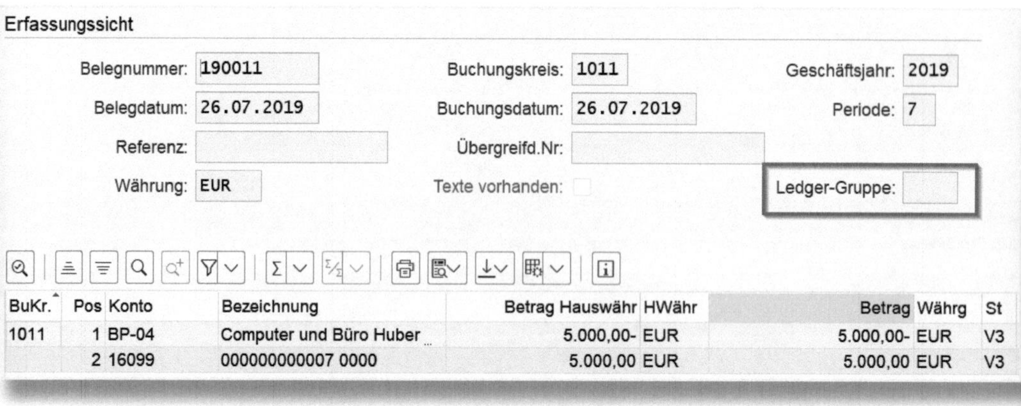

Abbildung 3.7: Anlagenzugang integriert, Beleg ohne Bezug zur Ledger-Gruppe

Gleichzeitig wird pro Rechnungslegungsvorschrift ein *bewertender Beleg* gebucht, indem das Verrechnungskonto ausgeglichen und die Anlage aktiviert werden (Buchung »Anlage an technisches Verrechnungskonto«). Dieses Mal erstellt das System aus technischer Sicht einen ledgergruppenspezifischen Beleg für jede Rechnungslegungsvorschrift (siehe Abbildung 3.8 und Abbildung 3.9).

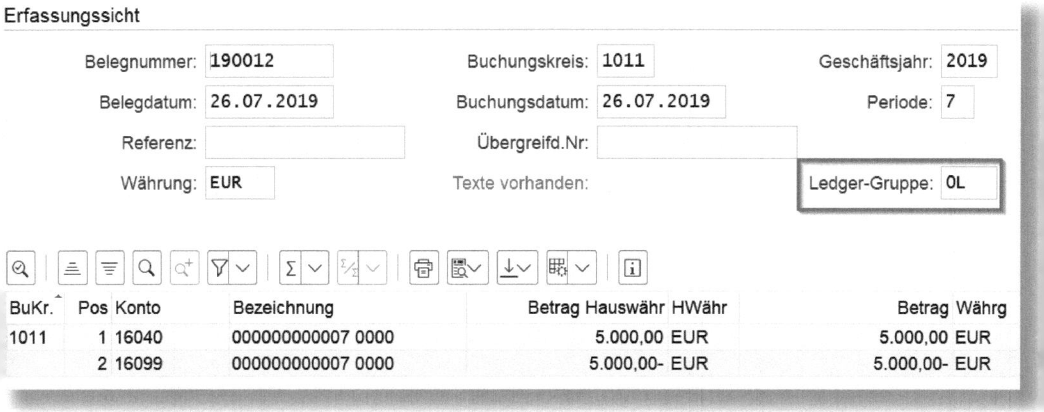

Abbildung 3.8: Anlagenzugang integriert – ledgergruppenspezifischer Beleg 0L

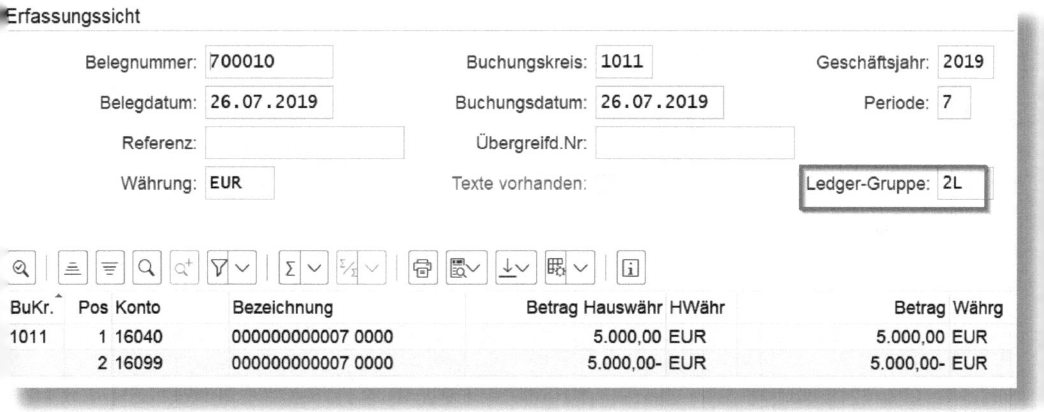

Abbildung 3.9: Anlagenzugang integriert – ledgergruppenspezifischer Beleg 2L

Mit der Buchung auf das Anlage- oder Kreditorenkonto werden gleichzeitig die jeweiligen Hauptbuchkonten (Verbindlichkeiten-, Anlagenkonto) fortgeschrieben. Indem das technische Verrechnungskonto als Bestandskonto angelegt und als Abstimmkonto definiert wird, kann es nicht manuell bebucht werden. Auf diese Weise ist eine permanente Abstimmung zwischen Neben- und Hauptbuchhaltung gewährleistet.

Abbildung 3.10 zeigt den *Asset Explorer* nach erfolgter Zugangsbuchung.

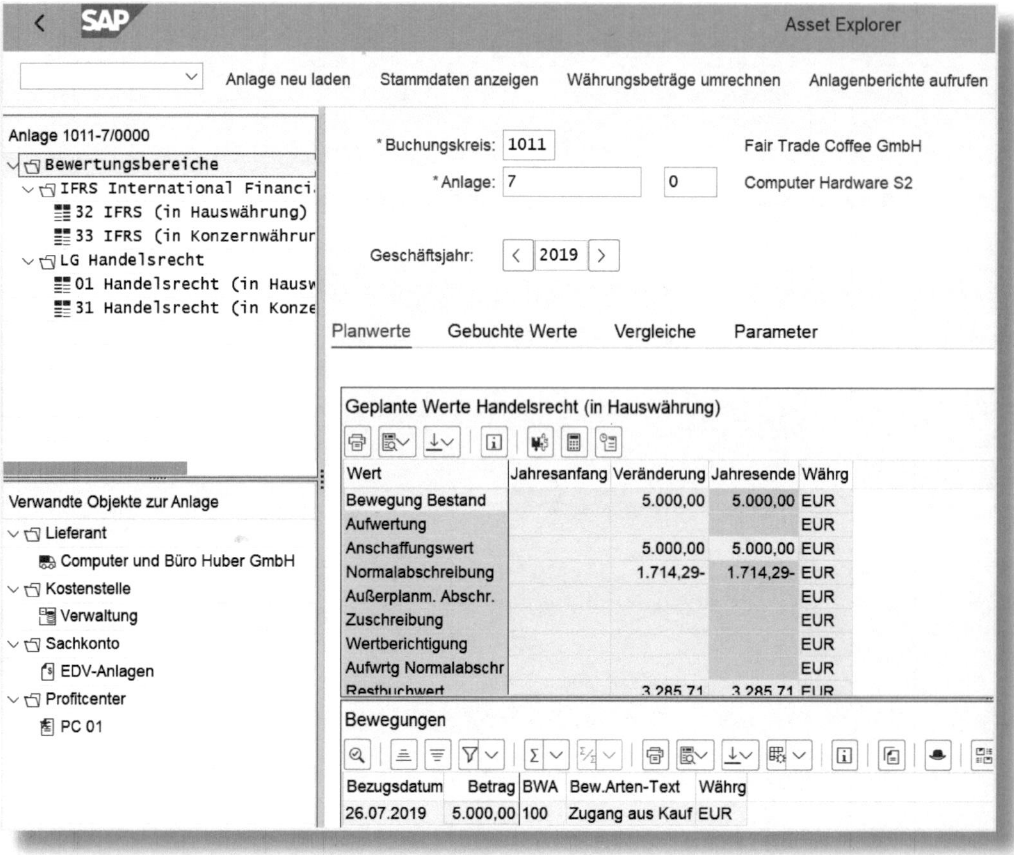

Abbildung 3.10: Transaktion »AW01N« – integrierter Anlagenzugang

3.2.3 Integrierter Erwerb einer Anlage (mit Integration der Materialwirtschaft)

Bei einem mit der Materialwirtschaft integrierten Anlagenzugang werden Anlagen durch Waren- oder Rechnungseingang auf Basis von Bestellanforderungen oder Bestellungen aktiviert.

Dabei besteht die Möglichkeit, die Anlage vor oder während der Bestellung anzulegen. In Abbildung 3.11 sehen Sie, dass die Anlagennummer im Reiter KONTIERUNG eingegeben wurde. Alternativ können Sie über den Button ANLAGEN einen Anlagenstammsatz über die Transaktion *ME21* erstellen.

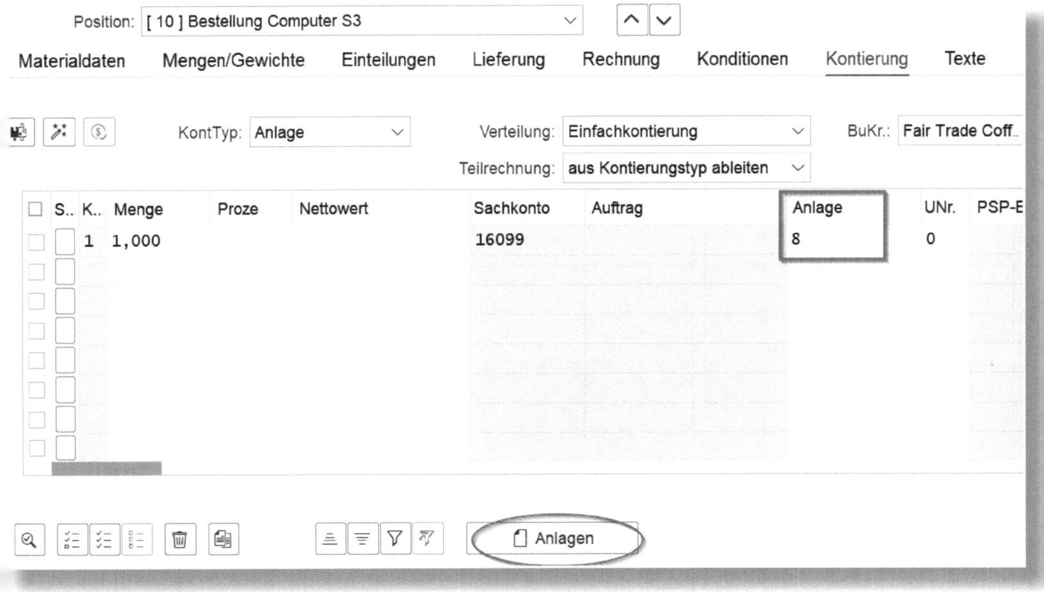

Abbildung 3.11: Transaktion »ME21N« – Bestellung mit Anlagenbezug

Bei Eingabe der Bestellung legen Sie zudem fest, ob die Aktivierung der Anlage mit Buchung des Wareneingangs (*bewerteter Wareneingang*) oder mit Buchung der Rechnung (*unbewerteter Wareneingang*) erfolgen soll. Erstgenannte Variante wird angewandt, wenn der Wareneingang vor dem Rechnungseingang erfolgt. Weicht der Betrag des Wareneingangs vom Rechnungsbetrag ab, wird beim Buchen der Rechnung auf der Anlage automatisch eine Korrekturbuchung über den Differenzbetrag durchgeführt.

Nach erfolgter Waren- und Rechnungseingangsbuchung stellt sich der Asset Explorer (Transaktion *AW01N*) wie folgt dar (siehe Abbildung 3.12): In diesem Fall wurde die Anlage zusammen mit der Rechnungsbuchung aktiviert. Auf der linken Seite unten sehen Sie den Bereich mit sämtlichen Informationen, die im Zuge der integrierten Anlagenzugangsbuchung mit Materialwirtschaft angefallen sind.

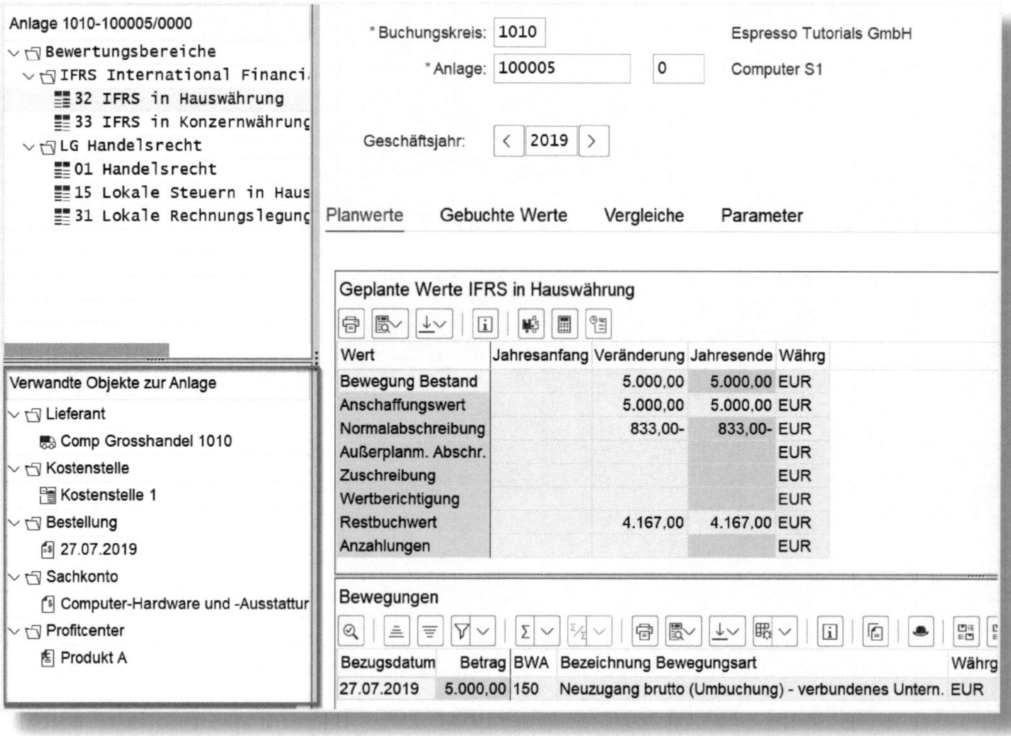

Abbildung 3.12: Transaktion »AW01N« – Anlagenzugang integriert mit Materialwirtschaft

3.3 Anlagenabgang

In der Anlagenbuchhaltung kann es erforderlich sein, eine Anlage vollständig oder teilweise aus dem Bestand zu entfernen. Dies wird als *Anlagenabgang* oder *Anlagenverschrottung* bezeichnet, die nach folgenden Arten des Anlagenabgangs, von denen die ersten drei entweder als Teilabgang oder als vollständiger Abgang realisiert werden können, zu unterscheiden sind:

1. Anlagenverkauf mit Erlös: Beim Verkauf der Anlage werden Einnahmen erzielt; der Verkauf wird an einen Kunden gebucht
2. Wie Punkt 1, allerdings wird der Verkauf der Anlage gegen ein Verrechnungskonto gebucht
3. Verschrottung der Anlage (ohne Erlösrealisierung)
4. Massenabgang (mit Arbeitsvorrat)
5. gleichzeitiger Abgang mehrerer Anlagen (ohne Arbeitsvorrat)

Nachfolgend werden wir Ihnen die verschiedenen Abgangsarten im Detail und jeweils an einem Beispiel vorstellen.

Anlagenverkauf (mit Erlös und Kunde)

In diesem Szenario spricht man auch von einem »integrierten Anlagenabgang« (mit Erlösrealisierung und Kunde).

Mit der S/4HANA-Transaktion *F-92* können Sie den Verkaufserlös an einen Kunden buchen. Die dazugehörige SAP-Fiori-App lautet »Abgang buchen (integriert) mit Debitor«.

Integrierter Anlagenabgang

Eine Anlage wird am 01.01.2018 zu einem Anschaffungswert von 12.000 Euro erworben. Die Nutzungsdauer beträgt zehn Jahre mit einer linearen Abschreibung über den gesamten Nutzungszeitraum. Die Anlage wird an einen Kunden am 01.03.2019 zu einem Wert von 9.600 Euro verkauft.

Die Abgangsbuchung erfolgt im Soll auf das jeweilige Debitorenkonto sowie im Haben auf das entsprechende Erlöskonto mit den Buchungsschlüsseln 01 (Debitor – Rechnung) bzw. 50 (Sachkonto – Entlastung). In Abbildung 3.13 sehen Sie das Erfassungsbild des Hauptbuchkontos »Ertrag aus Anlagenabgang«. Über das Optionsfeld ANLAGENABGANG öffnet sich rechts ein Dialogfenster, in dem Sie die abgehende Anlage sowie das Datum, mit dem der Restbuchwert ermittelt werden soll, auswählen. Die Abgangsbewegungsart (*210* – Abgang mit Erlös) wird vom System automatisch vorgeschlagen.

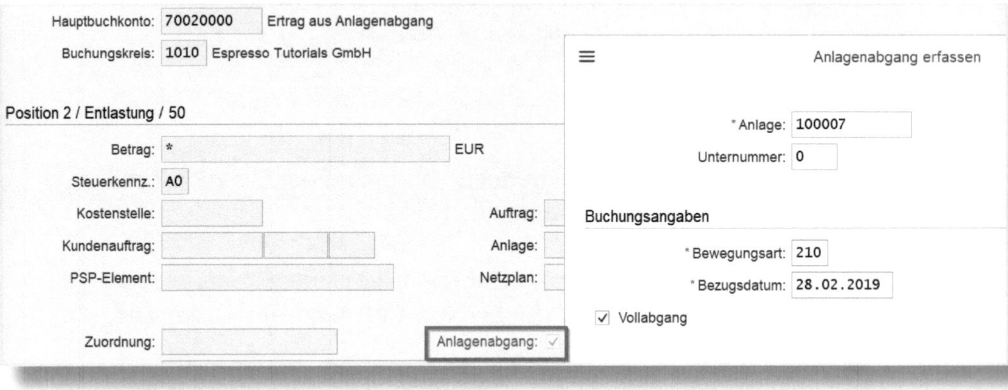

Abbildung 3.13: Transaktion »F-92« – integrierte Abgangsbuchung als Vollabgang

Wenn Sie das Dialogfenster wieder schließen, können Sie durch Betätigen des Buttons BELEGÜBERSICHT ANZEIGEN nochmals die entsprechenden Buchungszeilen ansehen (siehe Abbildung 3.14). Der Button

ANLAGENBUCHHALTUNG bietet Ihnen einen Überblick über die vorgeschlagenen Buchungen auf den Anlagenkonten (siehe Abbildung 3.15).

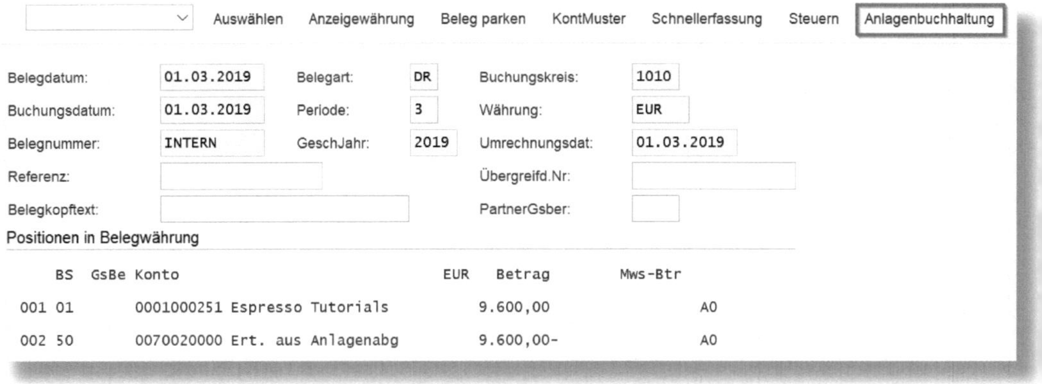

Abbildung 3.14: Transaktion »F-92« – Belegübersicht

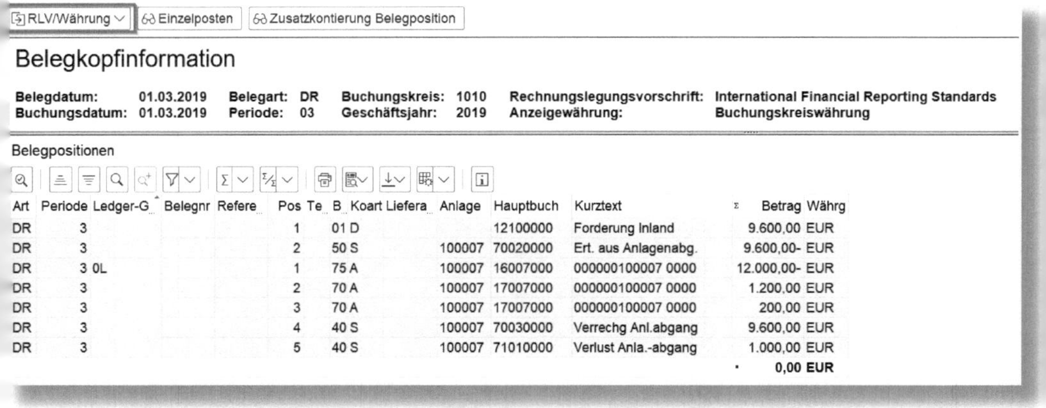

Abbildung 3.15: Transaktion »F-92« – vorgeschlagene Anlagenbuchungen

In der Belegkopfinformation rufen Sie über den Button RL/WÄHRUNG jede beliebige Kombination aus Rechnungslegungsvorschrift und Währung auf.

Bei der Buchung wird die Anlagenabgangsperiode aus dem Abgangsdatum der Anlage ermittelt. Die anteiligen Wertberichtigungen

(Abschreibungen) werden bis zu der Periode errechnet, die für die abgehende Anlage gilt, und der Anlagenabgang wird gebucht. Dabei berechnet das System automatisch den erzielten Gewinn oder Verlust.

In unserem Beispiel ergeben sich bis zur Periode 2 des auf die Anschaffung folgenden Jahres (2019) kumulierte Abschreibungen in Höhe von 1.400 EUR. Für das Jahr 2018 werden 1.200 EUR und für 2019 200 EUR (zwei Monate Nutzungsdauer à 100 EUR) ermittelt. Der Restbuchwert beträgt folglich 10.600 EUR (12.000 EUR Anschaffungswert abzüglich der kumulierten Abschreibungen in Höhe von 1.400 EUR). Nach Abzug des erzielten Verkaufserlöses von 9.600 EUR bleiben als Verlust 1.000 EUR.

In einer übersichtlichen Form finden Sie diese Vorgänge nochmals im Asset Explorer dargestellt (siehe Abbildung 3.16). Im Anlagenstammsatz wird nach der Buchung automatisch im Feld DEAKTIVIERUNG AM das Abgangsdatum (*28.02.2019)* angezeigt.

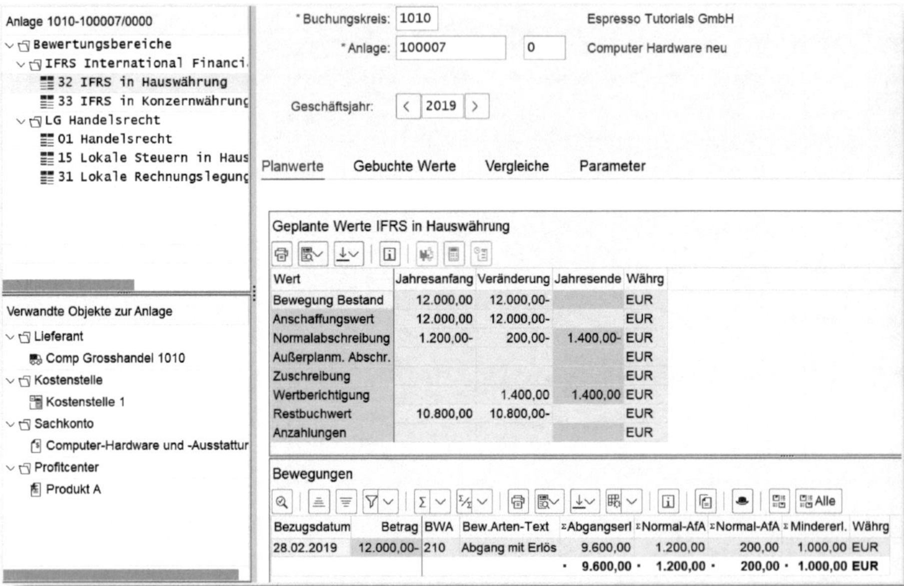

Abbildung 3.16: Transaktion »AW01N« – Asset Explorer nach Abgangsbuchung

Anlagenverkauf (mit Erlös und Verrechnungskonto)

Dieser Geschäftsvorfall kommt zum Einsatz, wenn ein Vermögenswert ohne Debitor verkauft wird, so z. B. bei einem Anlagenabgang gegen Barzahlung.

Die Buchung erfolgt nicht gegen ein Debitoren-, sondern ein Verrechnungskonto. Die SAP-S/4HANA-Transaktion ist *ABAOL* (vormals: Transaktion ABAON) – die dazugehörige App in SAP Fiori lautet »Abgang buchen (nicht integriert) ohne Debitor«.

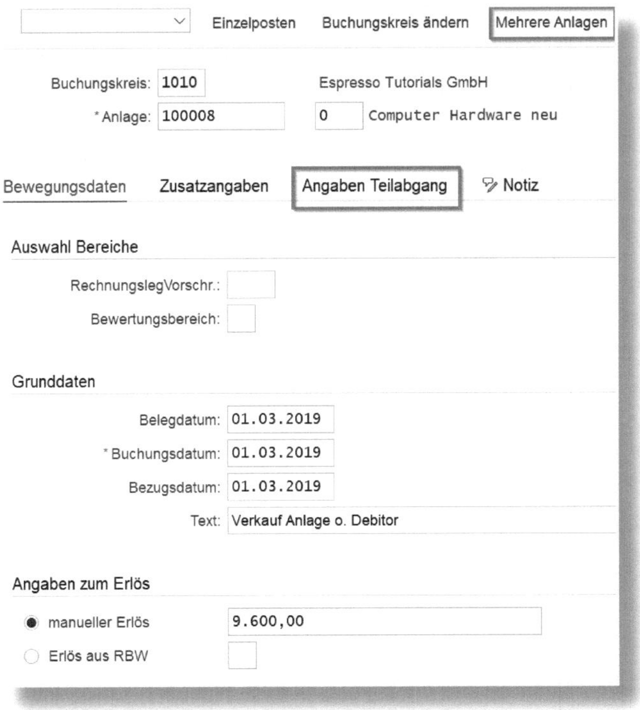

Abbildung 3.17: Transaktion »ABAOL« – Anlagenabgang nicht integriert

In unserem Beispiel erfolgt der Anlagenabgang per *01.03.2019*; dieser Termin wird entsprechend in den GRUNDDATEN ausgewählt. In Abbildung 3.17 haben wir das Eingabefeld MANUELLER ERLÖS aktiviert, damit der

Gewinn bzw. Verlust systemtechnisch ermittelt werden kann. Alternativ besteht über die Schaltflächen MEHRERE ANLAGEN die Möglichkeit, eine Reihe von Anlagen gleichzeitig abgehen zu lassen, während Sie mittels ANGABEN TEILABGANG eine Anlage partiell ausbuchen können.

Das System erzeugt in der Folge zwei Belege, jeweils einen pro Rechnungslegungsvorschrift. Die Anlage wird ausgebucht (*12.000 EUR*), und der erzielte Erlös (*9.600 EUR*) sowie der daraus resultierende Verlust (*1.000 EUR*) werden auf das entsprechende Verrechnungskonto gebucht (siehe Abbildung 3.18).

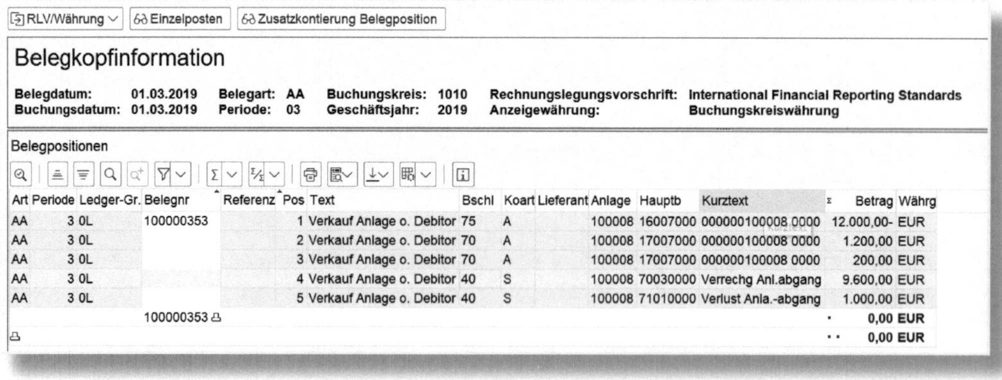

Abbildung 3.18: Transaktion »ABAOL« – Anlagenbuchungen

Verschrottung

Es kann vorkommen, dass eine Anlage ohne Erlös verkauft wird. Ein Beispiel wäre der Totalschaden oder Diebstahl eines LKWs aus dem firmeneigenen Fuhrpark. Dieser Prozess wird *Verschrottung* genannt.

Wenn mehrere Anlagen gleichzeitig verschrottet werden sollen, können Sie diesen Vorgang in Form eines Massenabgangs (siehe nächster Abschnitt) buchen. Ebenso ist ein Teilabgang einer Anlage ohne Erlös möglich.

Die Abgangsbuchung ohne Erlös wird in SAP S/4HANA mit der Transaktion *ABAVL* (»Anlagenabgang durch Verschrottung«, vormals Transaktion ABAVN) vorgenommen (siehe Abbildung 3.19). Die SAP-Fiori-App dazu lautet »Abgang buchen durch Verschrottung«.

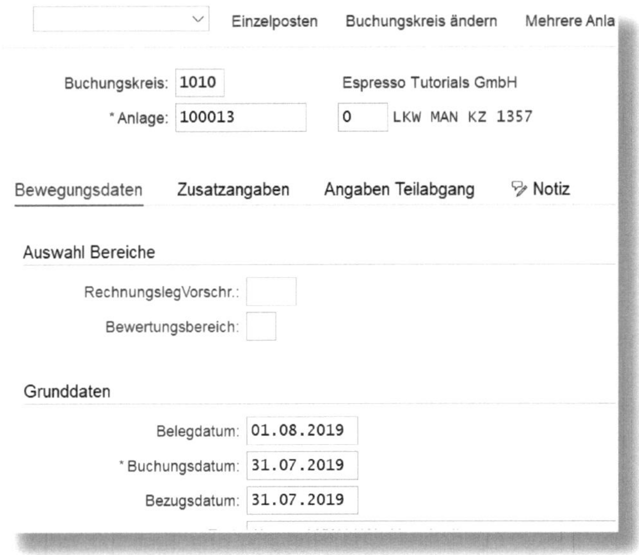

Abbildung 3.19: Transaktion »ABAVL« – Abgang durch Verschrottung

Das System erzeugt keine Erlös- und Gewinnbuchungen; stattdessen wird ein Verlust aus dem Anlagenabgang ohne Erlösbuchung in Höhe des Restbuchwertes gebucht (siehe Abbildung 3.20).

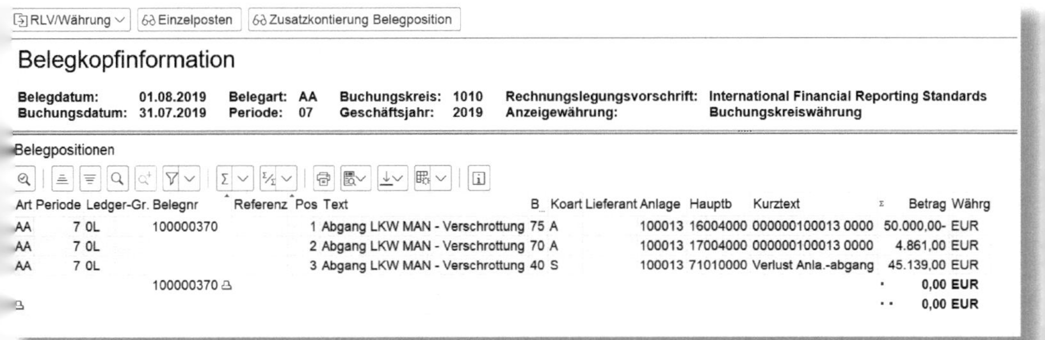

Abbildung 3.20: Transaktion »ABAVL« – Buchung einer Verschrottung

Massenabgang (mit Arbeitsvorrat)

Wenn mehrere Anlagen gleichzeitig verkauft oder verschrottet werden sollen, ist dies in Form eines Massenabgangs durchführbar.

Sie müssen zunächst einen Arbeitsvorrat erstellen, in dem die abgehenden Anlagen ausgewiesen werden.

Anschließend können Sie den Arbeitsvorrat bearbeiten, indem Sie nähere Angaben zum Massenabgang einstellen (u. a. Beschreibungen, Gesamterlös, Bewegungsart, Erlösverteilung proportional zu den Anschaffungs- und Herstellungskosten (AHK) oder zum Buchwert). Anschließend können Sie die dabei erzeugte Liste genehmigen lassen und den Arbeitsvorrat ausführen.

Grundlage für die Erstellung eines Massenabgangs sind gängige Anlagenreports wie der »Anlagenbestand« (Transaktion *AR01*).

Zunächst selektieren Sie alle Anlagen, die Sie gemeinsam ausbuchen möchten, z. B. anhand der Anlagennummer über den Menüpfad Mehr • Arbeitsvorrat anlegen (siehe Abbildung 3.21). Sie haben die Möglichkeit, eine Bezeichnung sowie die Verwendungsart des Arbeitsvorrats auszuwählen (Abgang mit/ohne Erlös, Massenänderung, Anlagentransfer). Wenn Sie sich für einen Massenabgang mit/ohne Erlös entscheiden, können Sie anschließend die Rechnungslegungsvorschrift sowie die Termine auswählen, mit bzw. zu denen der Abgang erfolgen soll. Darüber hinaus legen Sie fest, wie die Erlösverteilung vorgenommen werden soll. Der Nettoverkaufserlös kann auch manuell eingegeben werden. Bei Auswahl des Optionsfeldes der Massenänderung müssen Sie vorher eine Substitutionsregel erstellen.

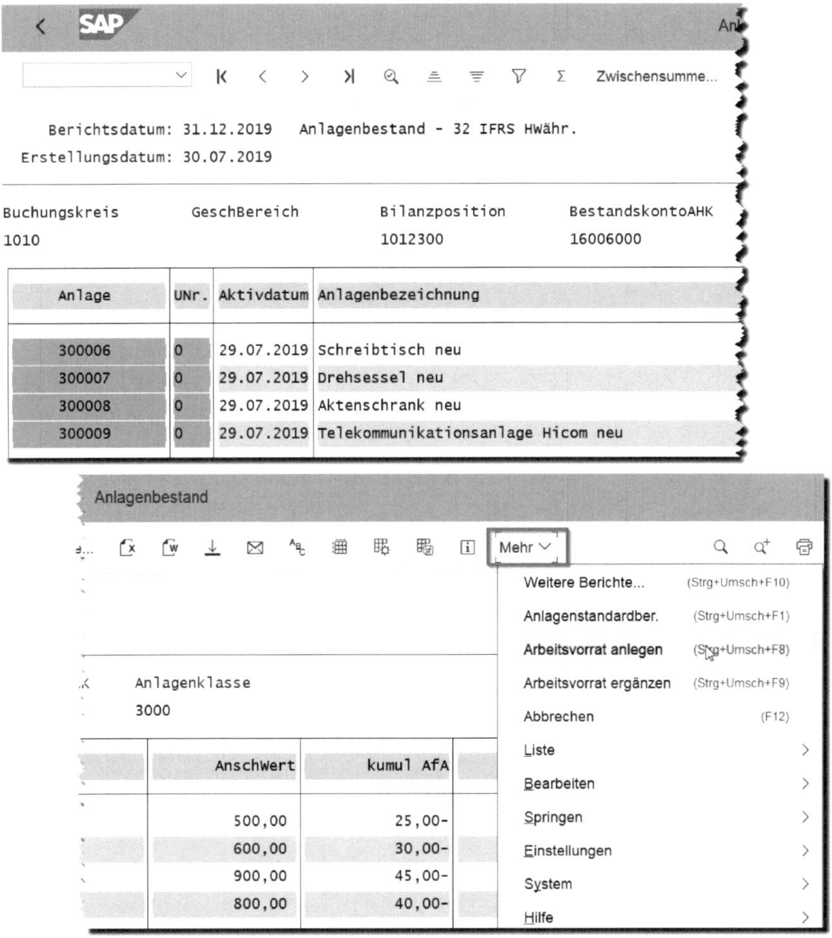

Abbildung 3.21: Transaktion »AR01« – Arbeitsvorrat anlegen

Bei Bedarf können Sie auch weitere Anlagen zum Arbeitsvorrat hinzufügen. Mittels der Transaktion *AR30* überprüfen Sie nochmals den Arbeitsvorrat und können ihn anschließend in der Transaktion *AR31* bearbeiten (siehe Abbildung 3.22) bzw. freigeben. Mit der Freigabe werden die entsprechenden Abgangsbuchungen vorgenommen.

Arbeitsvorrat 124006 ABGANG MIT ERLÖS AUSST.

Abgang mit Erlös

Belegdatum 30.07.2019 - Bezugsdatum 30.07.2019 - Buchungsdatum 30.07.2019
Bewegungsart 210 - Erlösbetrag 2.500,00 EUR - Manuelle Erlösverteilung A

Status angenommen

Workitem-Status	Anlage	UNr.	Aktivdatum	Anlagenbezeichnung	AnschWert	kumul AfA	Buchwert	gepl. Erlös	Währg
bereit	300011	0	29.07.2019	Schreibtisch neu	500,00	25,00-	475,00	446,43	EUR
bereit	300012	0	29.07.2019	Drehsessel neu	600,00	30,00-	570,00	373,38	EUR
bereit	300013	0	29.07.2019	Aktenschrank neu	900,00	45,00-	855,00	387,74	EUR
bereit	300014	0	29.07.2019	Telekommunikationsanlage Hicom neu	800,00	40,00-	760,00	215,41	EUR
Anlagenklasse 3000 Ausstattungen					**2.800,00**	**140,00-**	**2.660,00**	**1.422,96**	**EUR**
Bestandskonto AHK 16006000 Büroeinrichtung					**2.800,00**	**140,00-**	**2.660,00**	**1.422,96**	**EUR**
Bilanzposition 1012300 3. andere Anlagen, Betriebs-u.Gesch.auss					**2.800,00**	**140,00-**	**2.660,00**	**1.422,96**	**EUR**
Geschäftsbereich					**2.800,00**	**140,00-**	**2.660,00**	**1.422,96**	**EUR**
Buchungskreis 1010 Espresso Tutorials GmbH					**2.800,00**	**140,00-**	**2.660,00**	**1.422,96**	**EUR**

Abbildung 3.22: Transaktion »AR31« – Arbeitsvorrat bearbeiten

3.4 Umbuchung

In der Anlagenbuchhaltung werden grundsätzlich zwei verschiedene Arten von Übertragungen unterschieden:

- *die Umbuchung (Intracompany Transfer)* – Anlagenbewegungen innerhalb eines Buchungskreises
- *der Transfer (Intercompany Transfer)* – Anlagenbewegungen zwischen verschiedenen Buchungskreisen (siehe Abschnitt 3.5)

Eine Umbuchung kann erforderlich sein, wenn Sie beispielsweise eine Anlage versehentlich in der falschen Anlagenklasse angelegt haben und sie nun auf die richtige Klasse umgebucht werden soll. Andere Beispiele sind der Anlagensplit mit Übertrag eines Anlagenteils auf eine neue Anlage oder die Abrechnung einer Anlage im Bau und deren Übertrag auf eine fertige Anlage.

Die S/4HANA-Transaktion für die Umbuchung heißt *ABUML*. Die dazugehörige SAP-Fiori-App lautet »Anlage umbuchen buchungskreisintern«.

Nach Aufruf der Transaktion sind die relevanten Daten (u. a. Rechnungslegungsvorschrift, Bewertungsbereich) und die Anlagennummer, von der Sie auf eine bereits bestehende Anlage übertragen möchten, einzugeben. Die empfangende Anlage kann auch erst während der Transaktion neu angelegt werden. Im Reiter ZUSATZANGABEN sollte standardmäßig die Transfervariante »4« (buchungskreisinterne Umbuchung) eingestellt sein. Mit der Umbuchung übertragen Sie den Bruttobuchwert oder die Anschaffungs- und Herstellungskosten sowie die kumulierten Abschreibungen auf die Zielanlage (siehe Abbildung 3.23). Dabei wird pro Ledger ein Buchungsbeleg erzeugt.

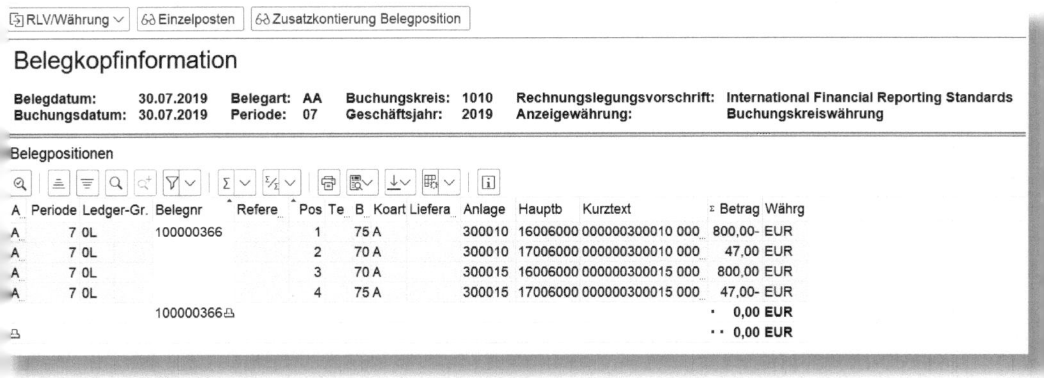

Abbildung 3.23: Transaktion »ABUML« – buchungskreisinterne Umbuchung

Anschließend stellt sich das Bild für die neue Anlage im Asset Explorer wie folgt dar (siehe Abbildung 3.24): Die Werte der empfangenden Anlage wurden aktualisiert (AHK: 2.000 EUR, Summe aus Normalabschreibung und Wertberichtigung: 200 EUR) und die Anlagenbewegung mit Bewegungsart 330 (»Umbuchung Neuzugang zugehend«; siehe zweite Zeile im Bereich BEWEGUNGEN) gebucht.

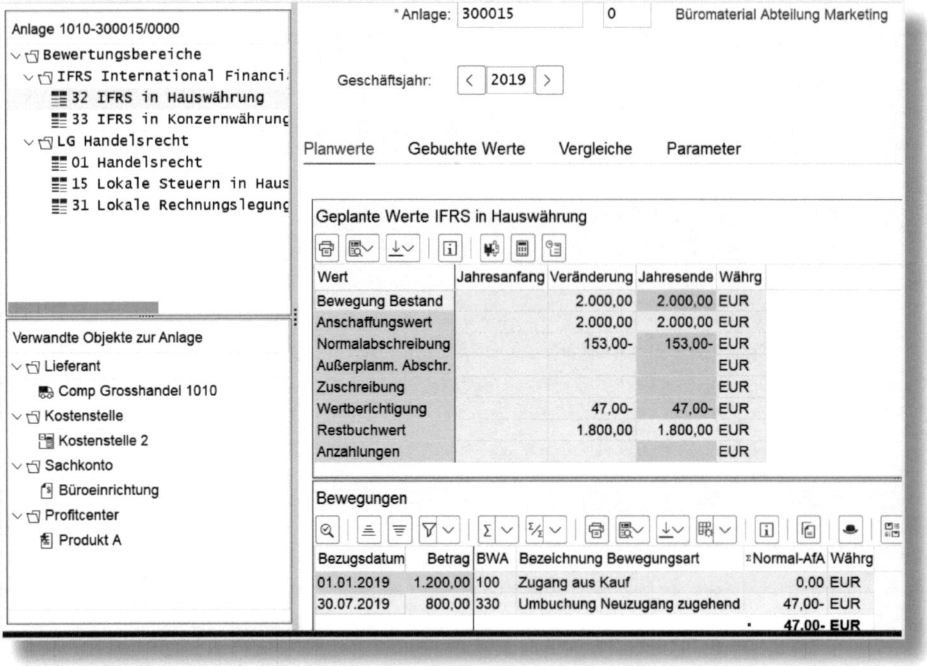

Abbildung 3.24: Transaktion »AW01N« – Asset Explorer nach Umbuchung

3.5 Transfer

Wie bereits im vorherigen Abschnitt erwähnt, handelt es sich bei Transfers um buchungskreisübergreifende (Intercompany-)Vorgänge.

Ein Beispiel hierfür ist der Verkauf und Übertrag eines Wirtschaftsguts innerhalb eines Konzerns von einer Tochterfirma auf eine andere. Dabei wird der Wert der Anlage von einem Buchungskreis auf den anderen übertragen. Voraussetzung hierfür ist, dass über das Customizing in beiden Buchungskreisen die buchungskreisübergreifenden Konten hinterlegt sind.

Sie erfassen zuerst mit der S4/HANA-Transaktion *ABT1L* (Anlagentransfer) oder der SAP-Fiori-App »Anlagentransfer buchungskreisübergreifend« den abgehenden Buchungskreis. Im ersten Bild geben Sie die zu übertragende Anlage sowie die für den Transfer vorgesehenen Termine ein. Des Weiteren ist festzulegen, ob für die abgehende Anlage ein Erlös erzielt werden soll. Sie haben die Möglichkeit, den Erlösbetrag manuell zu erfassen. In unserem Beispiel soll der Erlös aus dem Restbuchwert für den Bewertungsbereich *32 (IFRS)* ermittelt werden (siehe Abbildung 3.25).

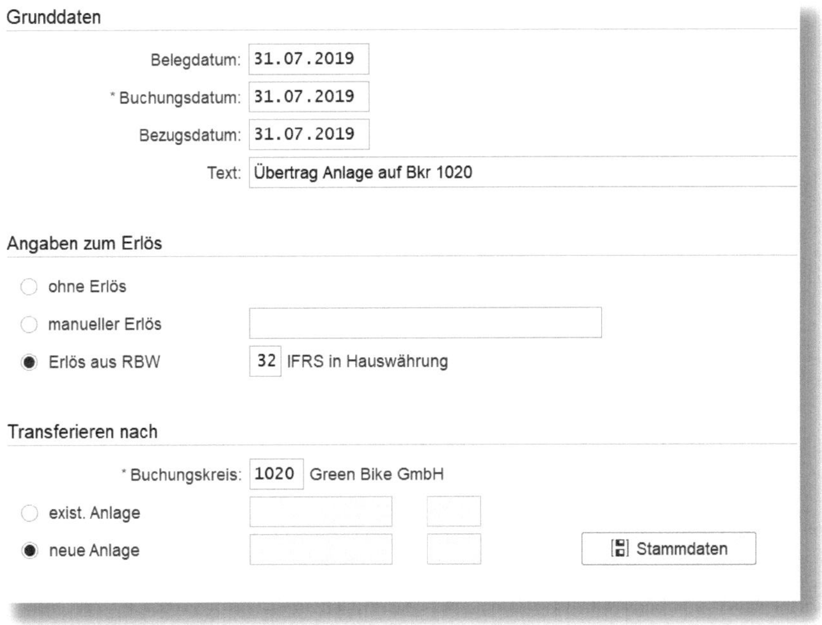

Abbildung 3.25: Transaktion »ABT1L« – Anlagentransfer, Erfassung

Nach Erfassung der neuen Anlage im Zielbuchungskreis über den Button STAMMDATEN (alternativ können Sie eine über Transaktion *AS01* bereits eingerichtete Anlage auswählen) legen Sie im Reiter ZUSATZANGABEN die Transfervariante fest (siehe Abbildung 3.26).

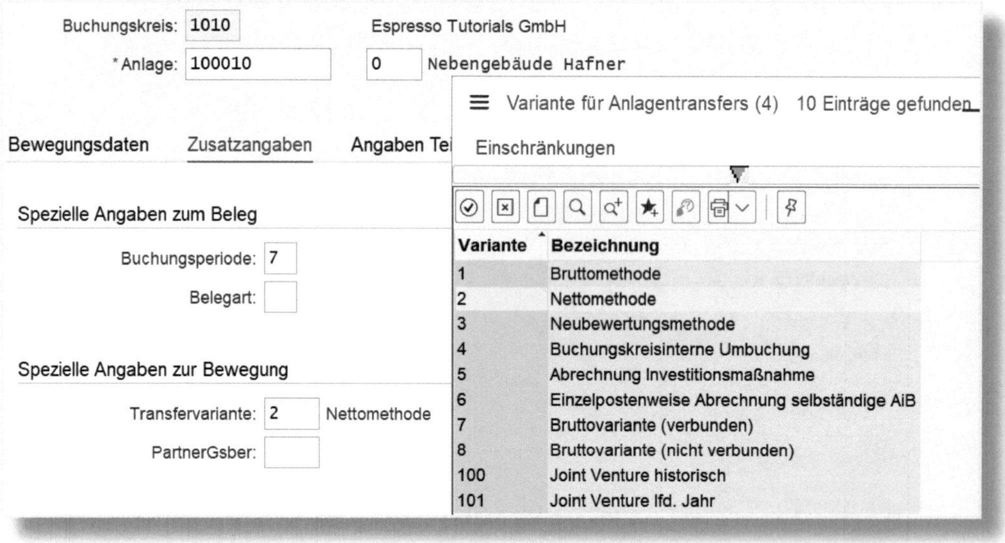

Abbildung 3.26: Transaktion »ABT1L« – Transfervariante

Mit der *Transfervariante* bestimmen Sie die für die Übertragung der Anlage zu verwendende Kombination aus Transfermethode und Bewegungsart. Die SAP liefert im Standard bereits die wichtigsten Varianten aus, die einen Großteil der gängigen Transfervorgänge abdecken. Wenn Sie die *Bruttomethode* auswählen, sind die AHK und kumulierten Abschreibungen der abgehenden Anlage identisch mit der Anlage im Zielbuchungskreis. Bei Auswahl der *Nettomethode* (siehe Abbildung 3.26) werden die kumulierten Abschreibungen nicht auf die Zielanlage übertragen, sondern lediglich der Restbuchwert im empfangenden Buchungskreis gebucht.

In Abbildung 3.27 sehen Sie, dass bei Buchung des Anlagentransfers der Anlagenstamm automatisch im Zielbuchungskreis angelegt wird. Darüber hinaus wird für jedes Ledger pro Buchungskreis ein Beleg erstellt.

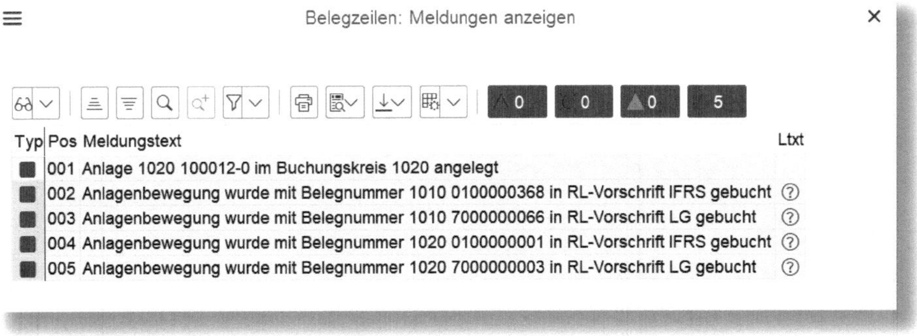

Belegzeilen: Meldungen anzeigen

Typ	Pos	Meldungstext	Ltxt
■	001	Anlage 1020 100012-0 im Buchungskreis 1020 angelegt	
■	002	Anlagenbewegung wurde mit Belegnummer 1010 0100000368 in RL-Vorschrift IFRS gebucht	ⓘ
■	003	Anlagenbewegung wurde mit Belegnummer 1010 7000000066 in RL-Vorschrift LG gebucht	ⓘ
■	004	Anlagenbewegung wurde mit Belegnummer 1020 0100000001 in RL-Vorschrift IFRS gebucht	ⓘ
■	005	Anlagenbewegung wurde mit Belegnummer 1020 7000000003 in RL-Vorschrift LG gebucht	ⓘ

Abbildung 3.27: Transaktion »ABT1L« – Buchungsbelege

Zusätzlich wird ein buchungskreisübergreifender Beleg erzeugt, der die vorhandenen Belege je Buchungskreis zusammenfasst. Sie können sich den Beleg mit der Transaktion *FBU3* (»Übergreifenden Beleg anzeigen«) ansehen. Dabei erkennen Sie, dass die Anlage im sendenden Buchungskreis (*1010*) ausgebucht und nur der Restbuchwert (nach vorheriger Auswahl der Nettomethode) im empfangenden Buchungskreis (*1020*) gebucht wird (siehe Abbildung 3.28).

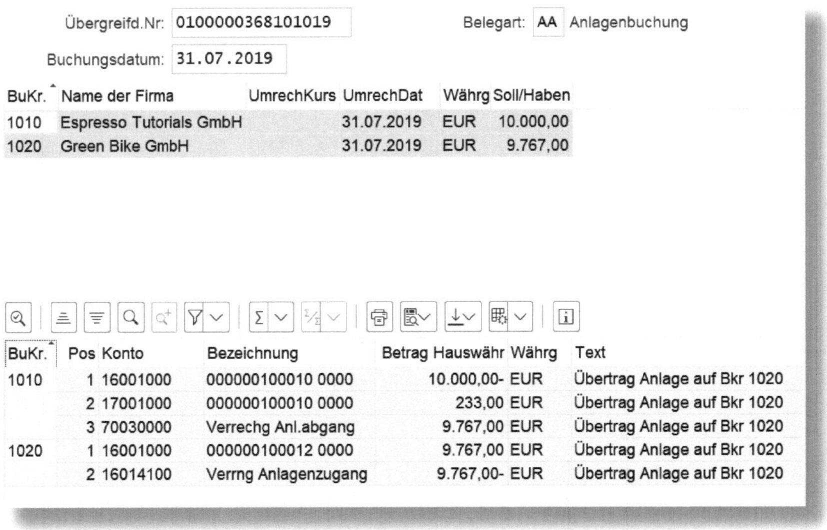

Übergreifd.Nr: 0100000368101019 Belegart: AA Anlagenbuchung

Buchungsdatum: 31.07.2019

BuKr.	Name der Firma	UmrechKurs	UmrechDat	Währg	Soll/Haben
1010	Espresso Tutorials GmbH		31.07.2019	EUR	10.000,00
1020	Green Bike GmbH		31.07.2019	EUR	9.767,00

BuKr.	Pos	Konto	Bezeichnung	Betrag Hauswähr	Währg	Text
1010	1	16001000	000000100010 0000	10.000,00-	EUR	Übertrag Anlage auf Bkr 1020
	2	17001000	000000100010 0000	233,00	EUR	Übertrag Anlage auf Bkr 1020
	3	70030000	Verrechg Anl.abgang	9.767,00	EUR	Übertrag Anlage auf Bkr 1020
1020	1	16001000	000000100012 0000	9.767,00	EUR	Übertrag Anlage auf Bkr 1020
	2	16014100	Verrng Anlagenzugang	9.767,00-	EUR	Übertrag Anlage auf Bkr 1020

Abbildung 3.28: Anlagentransfer – buchungskreisübergreifender Beleg

3.6 Nachaktivierung

Die Bezeichnung *Nachaktivierung* wird in SAP im Zusammenhang mit einer nachträglichen Aktivierung von Anschaffungskosten verwendet. Dies kann erforderlich sein, wenn das Geschäftsjahr bereits abgeschlossen ist und eine rechtzeitige Aktivierung der Anschaffungs- oder Herstellungskosten versäumt wurde. Das im Kasten dargestellte Beispiel zeigt Ihnen den Sachverhalt, zu dem wir Ihnen anschließend die buchhalterischen Auswirkungen erläutern werden.

Nachaktivierung

zB

Eine Büroausstattung mit einem Anschaffungswert von 10.000 EUR und einer Nutzungsdauer von zehn Jahren hätte am 01.07.2018 aktiviert werden sollen. Das Wirtschaftsgut wird aber erst nach Abschluss des Geschäftsjahres (2018) am 01.07.2019 erfasst.

Die in SAP S/4HANA zu verwendende Transaktion für die Nachaktivierung lautet *ABNAL* (vormals Transaktion ABNAN); mit ihr können Sie in alle Ledger oder nur in eine bestimmte Ledger-Gruppe buchen. In SAP Fiori rufen Sie dafür die App »Nachaktivierung buchen« auf.

Da der Anlagenstammsatz in unserem Beispiel noch nicht angelegt wurde, erfassen wir die relevanten Daten über den Button STAMMDATEN. Sie können alternativ über die Transaktion *AS01* zuerst den Anlagenstammsatz anlegen und dann die Nachaktivierungstransaktion einsetzen. Vergessen Sie bitte in diesem Fall nicht, bei der Stammsatzanlage das Optionsfeld NACHAKTIVIERUNG zu markieren.

Im ersten Erfassungsbild sind das ursprüngliche Aktivierungsdatum (01.07.2018) und die Anschaffungs- oder Herstellungskosten zu hinterlegen (siehe Abbildung 3.29).

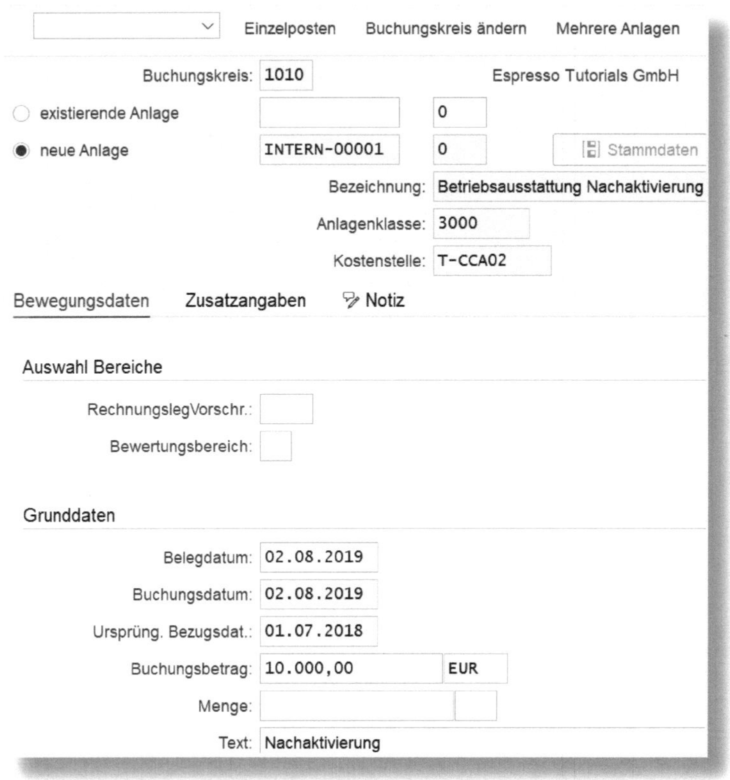

Abbildung 3.29: Transaktion »ABNAL« – Erfassung Nachaktivierung

Mit der Buchung wird automatisch die Anlage erzeugt und je Rechnungslegungsvorschrift ein Beleg gebucht. Dabei werden folgende Konten aktualisiert (siehe Abbildung 3.30):

- das Anlagenkonto »Büroeinrichtung« (*16006000*) mit einem Anschaffungswert von *10.000 EUR*
- das Konto »Wertberichtigungen Büroeinrichtungen« (*17006000*) mit dem kumulierten AfA-Betrag für 2018 in Höhe von 500 EUR
- der Saldo wird als Ertrag auf ein Gewinn- und Verlustkonto mit der Bezeichnung »Ertrag aus Nachaktivierung« (*70010000*) gebucht

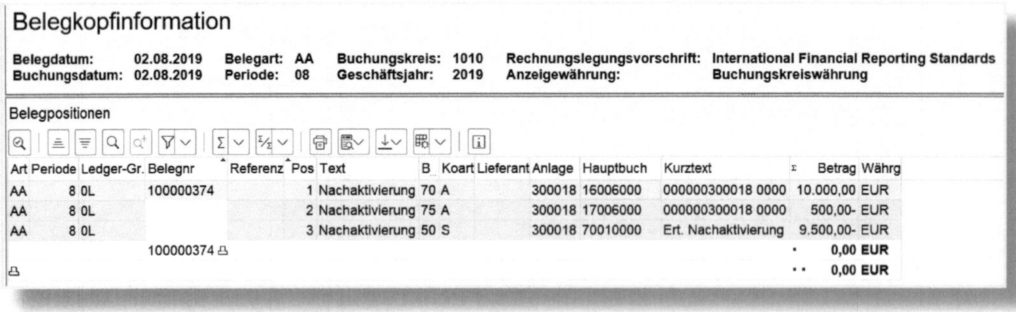

Abbildung 3.30: Transaktion »ABNAL« – Buchung Nachaktivierung

Die Auswirkungen der Nachaktivierung auf die Planwerte im Asset Explorer sehen Sie in Abbildung 3.31. Sie können hier erkennen, dass die Abschreibung aus dem Vorjahr (500 EUR) nicht als Abschreibung des laufenden Jahres (2019), sondern als Wertberichtigung ausgegeben wird.

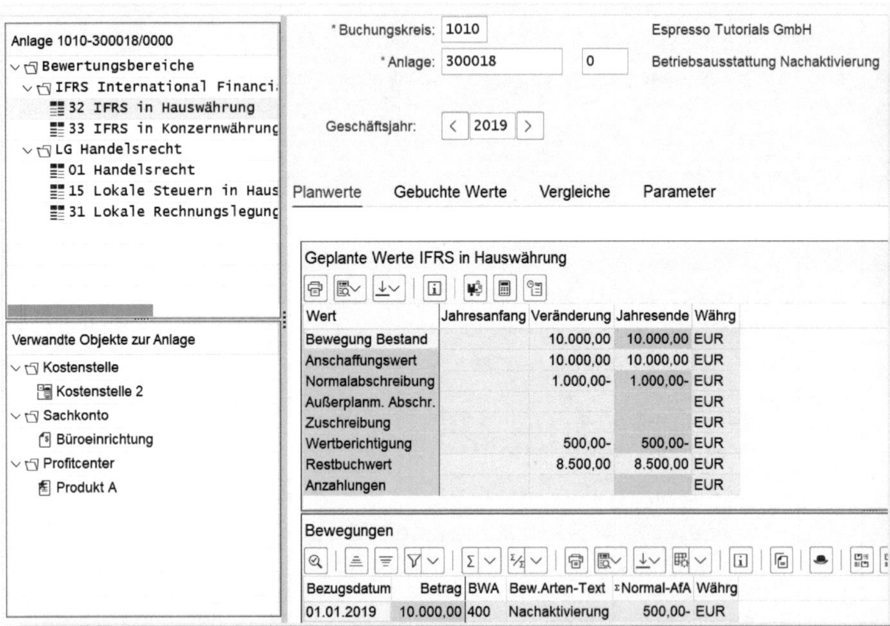

Abbildung 3.31: Asset Explorer – Nachaktivierung

Die Anlage wird nun über den verbleibenden Zeitraum von neuneinhalb Jahren abgeschrieben. Dies spiegelt sich auch im Asset Explorer im Reiter PARAMETER wider (siehe Abbildung 3.32).

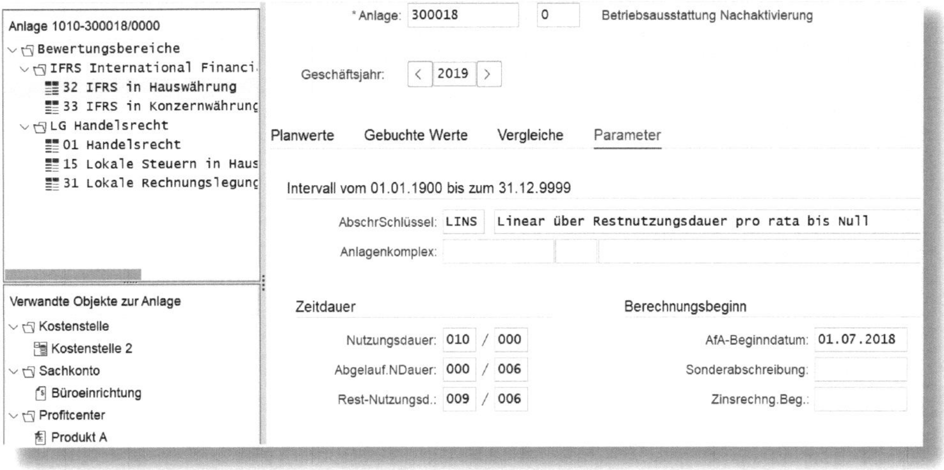

Abbildung 3.32: Asset Explorer – Nachaktivierung, Parameter

3.7 Gutschrift und Stornierung

In der Anlagenbuchhaltung haben Sie die Möglichkeit, Gutschriften und Stornierungen vorzunehmen, um Eingabefehler nachträglich korrigieren zu können. Diese Prozesse werden nachstehend erläutert.

3.7.1 Gutschrift

Gutschriften reduzieren die Anschaffungskosten der aktivierten Anlage und können auf diese gebucht werden, falls falsche Werte abgerechnet wurden oder andere Irrtümer vorliegen. Beispielsweise können sich Rechnungsgutschriften aufgrund von Mängeln bzw. Beschädigungen am gelieferten Wirtschaftsgut ergeben.

In SAP S/4HANA buchen Sie Gutschriften mit der Transaktion *ABGL* (Gutschrift im Rechnungsjahr) oder mit *ABGF* (Gutschrift im Folgejahr der Rechnung). Die dazugehörigen SAP-Fiori-Apps lauten »Gutschrift buchen im Jahr der Rechnung« bzw. »Gutschrift Vorjahr«.

Das Erfassungsbild bei einer Gutschrift im Rechnungsjahr entspricht Abbildung 3.33. Standardmäßig wird die BEWEGUNGSART *105 – Gutschrift im Rechnungsjahr* vorgeschlagen. Das Gegenkonto wird im Customizing in der Kontenfindung hinterlegt.

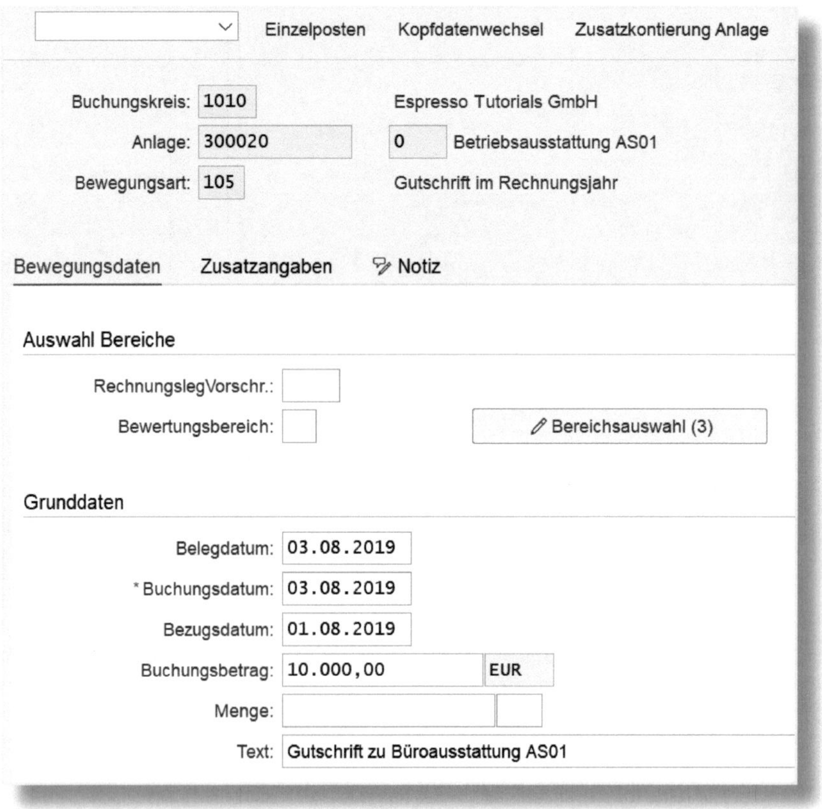

Abbildung 3.33: Transaktion »ABGL« – Erfassung Gutschrift

Nach erfolgter Buchung sind im Asset Explorer sowohl die positive als auch negative Zugangsbuchung (vollständige Gutschrift) sowie die sich gegenseitig aufsaldierenden Werte ersichtlich (siehe Abbildung 3.34).

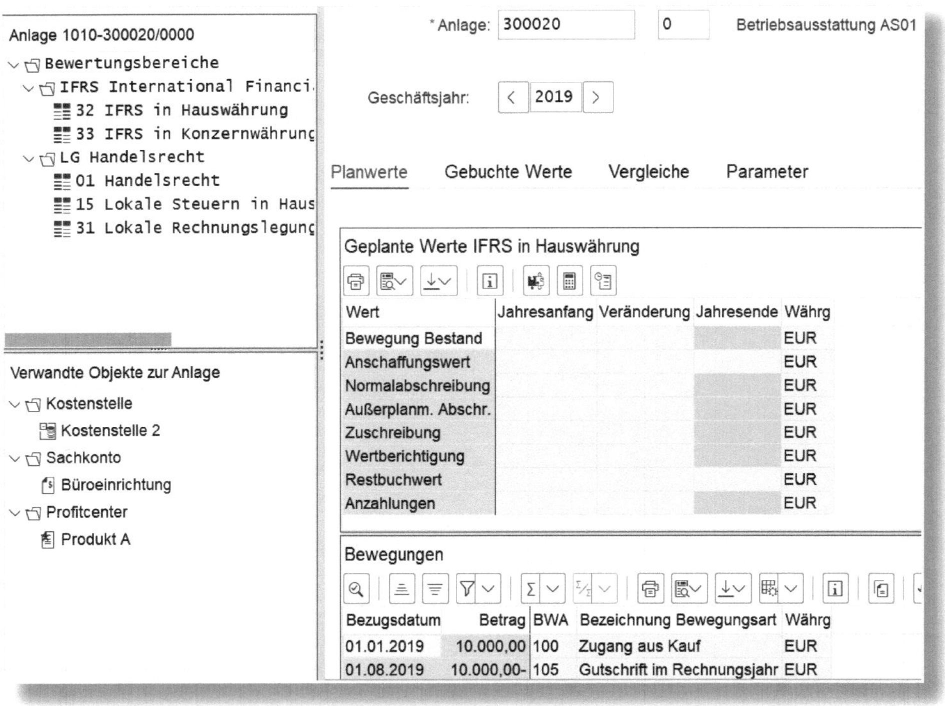

Abbildung 3.34: Asset Explorer nach vollständiger Gutschrift

3.7.2 Stornierung

Ein Beleg, der im Modul FI-AA gebucht wurde, kann in der Finanzbuchhaltung nicht storniert werden. Stattdessen kommt die Transaktion *AB08* (Anlageneinzelposten stornieren) zur Anwendung. Alternativ ist die SAP-Fiori-App »Buchungsbeleg stornieren« einsetzbar.

Zunächst ist eine Anlage auszuwählen, zu der Ihnen das System sämtliche Buchungen anzeigt, damit die richtige ausgewählt und storniert werden kann. In Abbildung 3.35 sehen Sie, wie eine versehentlich gebuchte Gutschrift storniert wird. Nach dem Klick auf den Button STORNIEREN (ganz unten rechts, hier nicht mehr im Bild) erscheint eine Abfrage zur Erfassung des Stornogrundes.

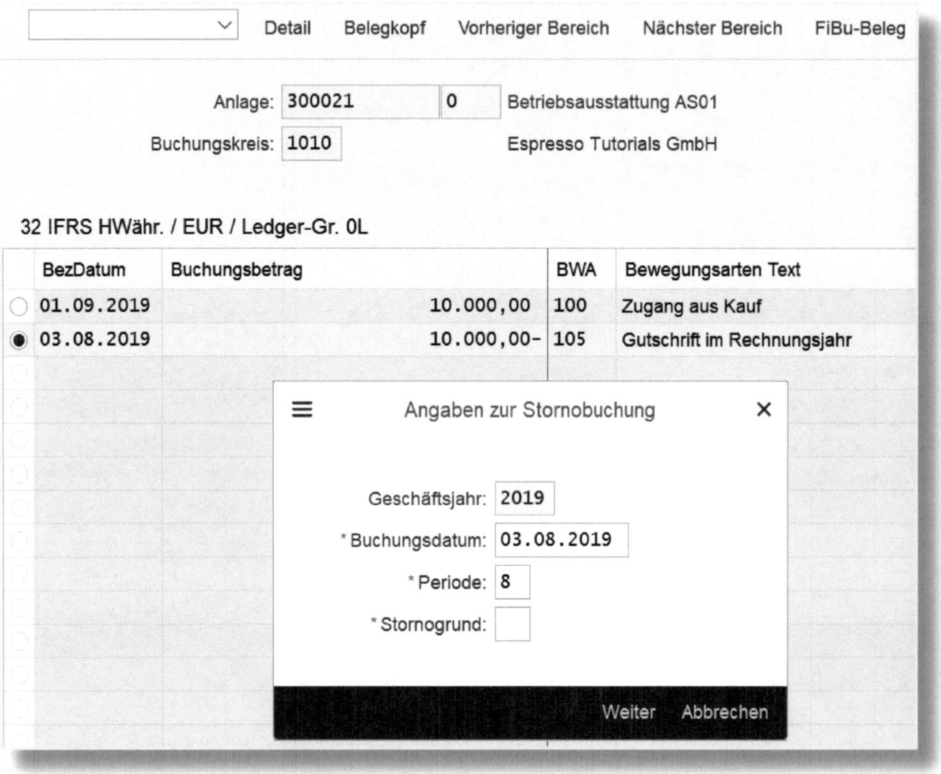

Abbildung 3.35: Transaktion »AB08« – Erfassung Storno

Der Asset Explorer gibt daraufhin die zurückgenommene Gutschrift und den positiven *Restbuchwert* aus (siehe Abbildung 3.36).

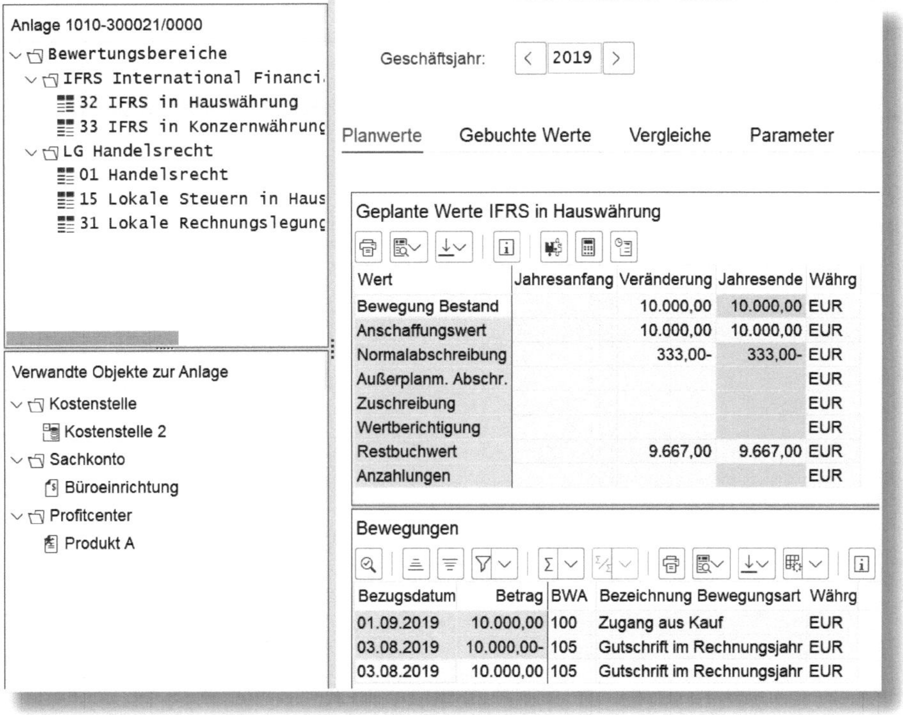

Abbildung 3.36: Asset Explorer nach Storno

3.8 Wertminderungen

Es kann vorkommen, dass ein Vermögensgegenstand aufgrund eines unerwarteten und/oder plötzlichen Ereignisses (beispielsweise einer Beschädigung) oder einer Innovationsänderung am Markt eine *Wertminderung* gegenüber dem in der Bilanz des Unternehmens ausgewiesenen Wert erfährt.

In solchen Fällen ist dieser Verlust nach IFRS als Aufwand zu erfassen und künftige Abschreibungen sind anzupassen.

Die in SAP S/4HANA dafür vorgesehene Transaktion ist *ABAWL* (Aufwertung), das Pendant in SAP Fiori heißt »Anlagenaufwertung buchen«. Diese Transaktion bzw. App kann bei Auswahl der entsprechenden Bewegungsart sowohl für Auf- als auch für Abwertungen eingesetzt werden.

Sie erfassen zunächst den BUCHUNGSKREIS, die Nummer der ANLAGE und die BEWEGUNGSART für die Wertminderung (*Z81 – Wertminderung laufendes Jahr*). Im nächsten Bildschirm können Sie die RECHNUNGSLEGUNGSVORSCHRIFT, Datumsangaben sowie den Wertminderungsbetrag (BUCHUNGSBETRAG) eingeben (siehe Abbildung 3.37).

Abbildung 3.37: Transaktion »ABAWL« – Erfassung Wertminderung

Buchung einer Wertminderung

Sämtliche Vorgänge mit Transaktion *ABAWL* werden rechnungslegungsvorschriftspezifisch gebucht, daher ist das Feld RECHNUNGSLEGUNGSVORSCHRIFT immer ein Pflichtfeld.

Dieser Wertminderungsbetrag wird nicht automatisch in SAP FI, sondern nur als Beleg der Anlagenbuchhaltung fortgeschrieben. Sobald der Abschreibungslauf erfolgt ist, wird der Betrag auf das in der Kontenfindung hinterlegte Hauptbuchkonto gebucht.

Im Asset Explorer wird die Wertminderung als negative Anpassung in der Zeile »Aufwertung« dargestellt (siehe Abbildung 3.38).

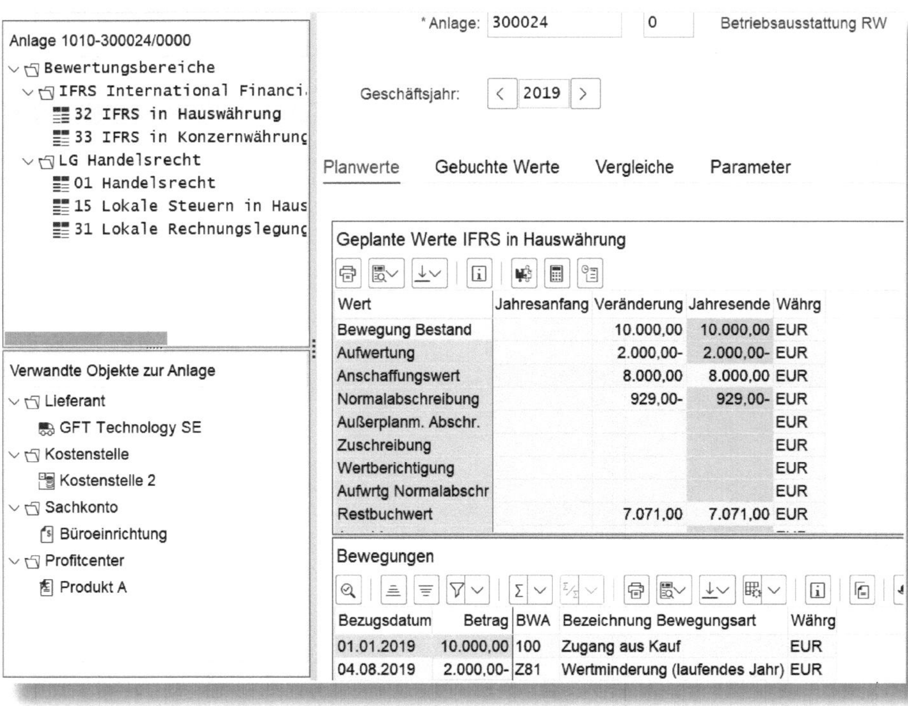

Abbildung 3.38: Asset Explorer – Darstellung der Wertminderung

3.9 Neubewertung

Die neue Anlagenbuchhaltung bietet u. a. die Möglichkeit, bei hoher Inflation den Anlagenwert mithilfe eines Index regelmäßig zu erhöhen. Voraussetzung dafür ist die korrekte und vollständige Buchung aller Zu- und Abgänge sowie Abschreibungen. Es können nur aktive, d. h. nicht abgegangene Anlagen neu bewertet werden.

Neubewertungen werden in SAP S/4HANA mit der Transaktion *AR29N* (Auf- und Neubewertung von Anlagen) durchgeführt, und zwar nicht nur für eine oder mehrere Anlagen, sondern auch für Abschreibungskorrekturen und indexbasierte Neubewertungen. Bei einmaligen Neubewertungen können Sie alternativ auch die bereits in Abschnitt 3.8 erwähnte Transaktion *ABAWL* mit Auswahl der entsprechenden Bewegungsart verwenden.

Abbildung 3.39 zeigt die Erfassung einer zehnprozentigen Indexsteigerung für eine Anlage.

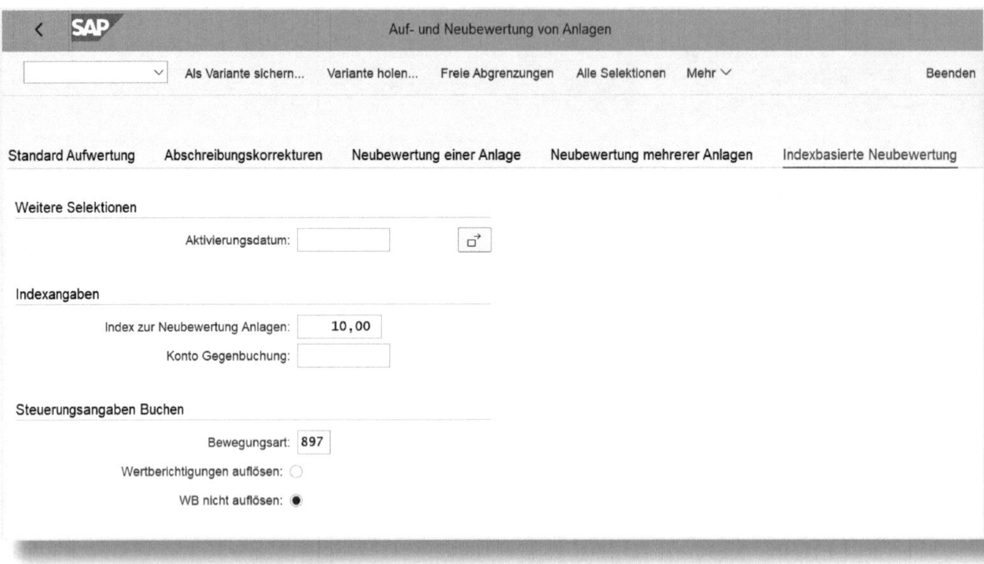

Abbildung 3.39: Transaktion AR29N – indexbasierte Neubewertung

Im Asset Explorer können Sie erkennen, dass die Neubewertung in der Zeile *Aufwertung* erscheint und zugleich zu einer automatischen Anpassung der Abschreibung führt (siehe Abbildung 3.40).

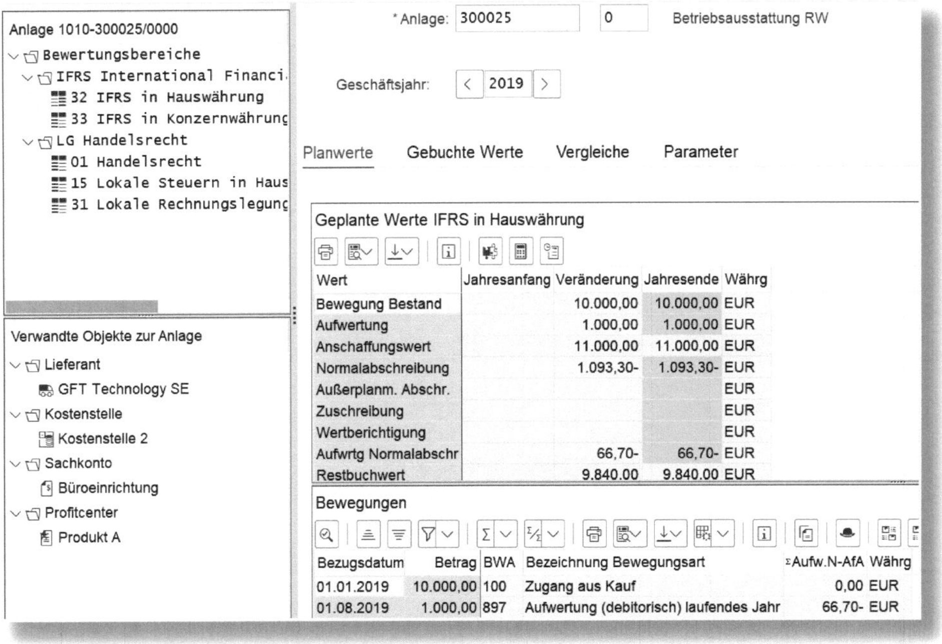

Abbildung 3.40: Asset Explorer – indexbasierte Neubewertung

3.10 Investitionsförderung

Investitionsförderungen stellen einen Beitrag zur Finanzierung von Anlagevermögen dar und dienen meist dem Zweck, Betriebsansiedlungen zu forcieren oder Unternehmen bei der Erfüllung von öffentlichen Aufträgen zu unterstützen.

Diese Art von Subvention führt buchhalterisch zu einer Minderung bzw. passivischen Wertberichtigung der Anschaffungswerte der betroffenen Anlagen. Der jeweilige Förderbetrag kann dabei getrennt von den eigentlichen Anschaffungs- und Herstellungskosten ausgewiesen werden.

Investitionsfördermaßnahmen werden in SAP S/4HANA im Anlagenstammsatz durch einen *Investitionsförderschlüssel* gekennzeichnet, wie etwa mit *01* für einen Zuschuss der öffentlichen Hand (siehe Abbildung 3.41).

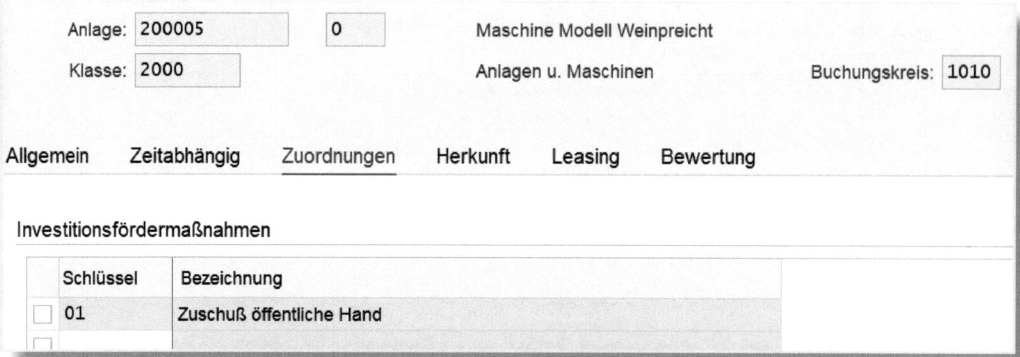

Abbildung 3.41: Anlagenstammsatz – Investitionsförderschlüssel

Der Investitionsförderschlüssel wird im Customizing hinterlegt ebenso wie die Bewertungsbereiche, in denen die Investitionsfördermaßnahmen geführt werden sollen, sowie die Kontenfindung für alle mit Fördermaßnahmen im Zusammenhang stehenden Geschäftsvorfälle.

Investitionsförderung

Beachten Sie bei der Auswahl der Bewertungsbereiche für Investitionsfördermaßnahmen, dass diese alle zu derselben Rechnungslegungsvorschrift gehören müssen. Fördermaßnahmen, die Sie zu mehr als einer Rechnungslegungsvorschrift zuordnen, werden systemtechnisch nicht unterstützt.

Investitionsförderungen können in S/4HANA manuell für jede einzelne Anlage (Transaktion *ABIF – Investitionsförderung*) oder gesammelt (Transaktion *AR11N – Investitionszuschuss*) gebucht werden.

Im Asset Explorer findet sich die Investitionsförderung für den vorher festgelegten Bewertungsbereich nach erfolgter Buchung in einer eigenen Zeile wieder (siehe Abbildung 3.42).

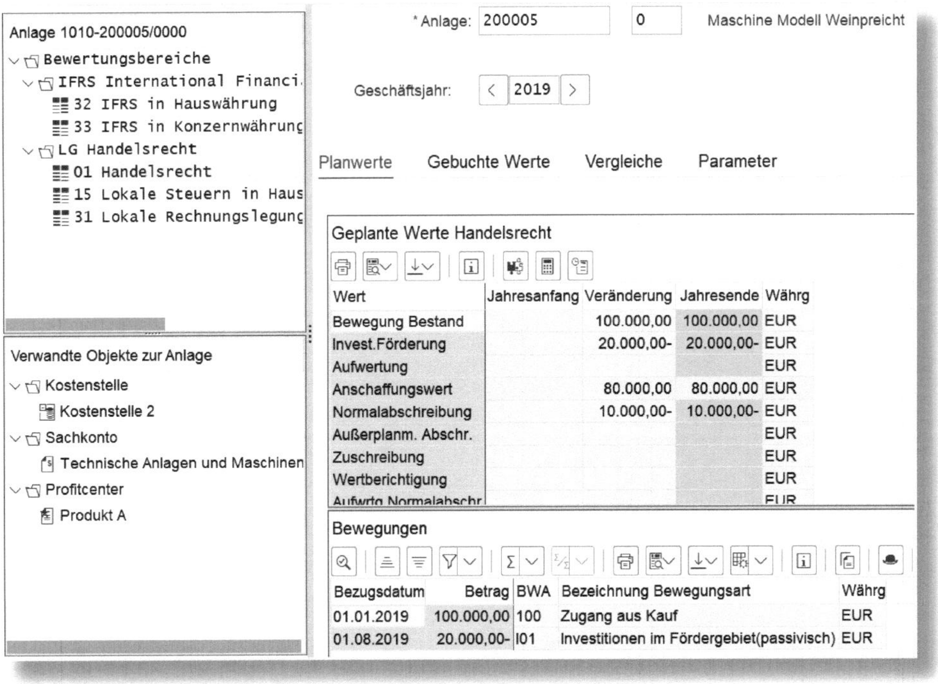

Abbildung 3.42: Asset Explorer – Investitionsförderung

3.11 Anlagen im Bau

Anlagen im Bau (AiB) sind noch nicht fertiggestellte Anlagen, die deshalb bislang nicht in Betrieb genommen werden können. Dabei spielt es keine Rolle, ob die Herstellung durch das eigene oder ein fremdes

Unternehmen geschieht. Zunächst werden alle Ausgaben auf einer Anlage im Bau gesammelt, die entstehen, um das Wirtschaftsgut in einen betriebsbereiten Zustand zu versetzen. Bei Fertigstellung wird die Anlage im Bau aktiviert, und die Abschreibungen beginnen zu laufen.

Anhand eines Beispiels möchten wir Ihnen nachfolgend den gesamten Prozess – vom Aufbau eines Stammsatzes für die Anlage im Bau bis zu deren Abrechnung auf bestehende Anlagen und die Darstellung der Anlagenbewegungen – im Asset Explorer erläutern.

Anlage im Bau (AiB)

zB

Es sollen zur Errichtung bzw. Inbetriebnahme einer Anlage, bestehend aus einem Gebäude mit den Teilen A und B, mehrere Anlagenteile angeschafft werden. Diese Investitionen sollen zunächst auf einer Anlage im Bau erfasst werden, die als Kostensammler fungiert. In diesem Zusammenhang erhalten wir zwei Rechnungen in Höhe von 100.000 EUR und 900.000 EUR, die in Buchungskreis 1010 gebucht werden. Da das Gebäude mit den verschiedenen angeschafften Teilen erst bei Inbetriebnahme der Gebäudeteile A und B genutzt werden kann, wird der Investitionsgesamtwert im Verhältnis 30:70 auf die beiden Gebäudeteile verteilt und abgerechnet. Mit der Abrechnung (am 31.12.2019) erfolgt gleichzeitig die Aktivierung (Inbetriebnahme) und der Beginn der Abschreibung.

Zunächst legen wir die Stammsätze der im Kasten genannten Anlagen (Anlage im Bau, zwei Zielanlagen: Gebäude, Teil A + B) über die Transaktion *AS01* an. Das Erstellen des Stammsatzes für die Anlage im Bau erfolgt mit derselben Transaktion, allerdings unter der für die AiB vorgesehenen Anlagenklasse (siehe Abbildung 3.43).

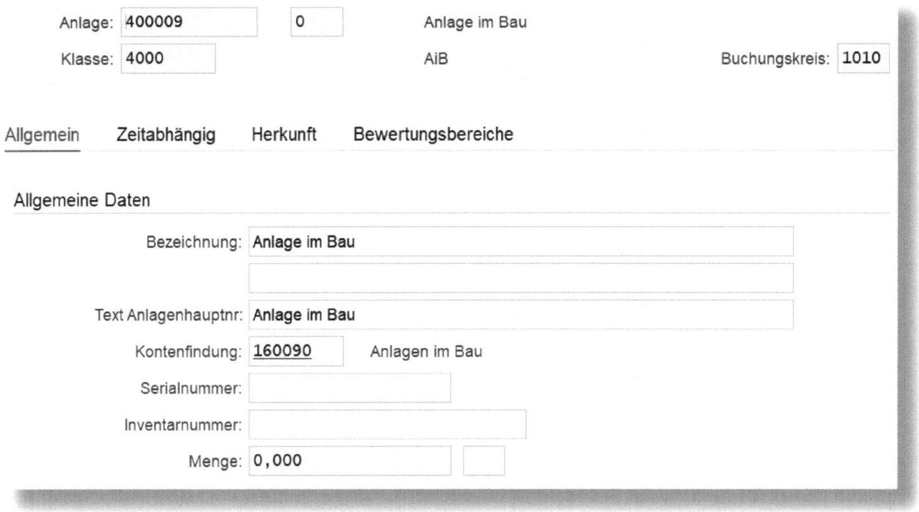

Abbildung 3.43: Transaktion »AS01« – Stammsatz für die »Anlage im Bau«

Für die Erfassung der Anlagenstammsätze für die beiden Gebäudeteile A und B gehen wir analog vor, verwenden allerdings statt Anlagenklasse 4000 (Anlage im Bau) die Anlagenklasse 1100 (Gebäude).

Wie in Abschnitt 3.2 bereits erwähnt, können Zugangsbuchungen auf verschiedene Arten erfolgen (nicht integriert, integriert – ohne/mit Bestellung). In unserem Beispiel erhalten wir vom Lieferanten zwei Rechnungen: eine am 07.08.2019 in Höhe von 100.000 EUR und eine am 10.10.2019 in Höhe von 900.000 EUR. Beide buchen wir auf die Anlage im Bau als Kostensammler mithilfe der Transaktion *F-90* (siehe Abbildung 3.44).

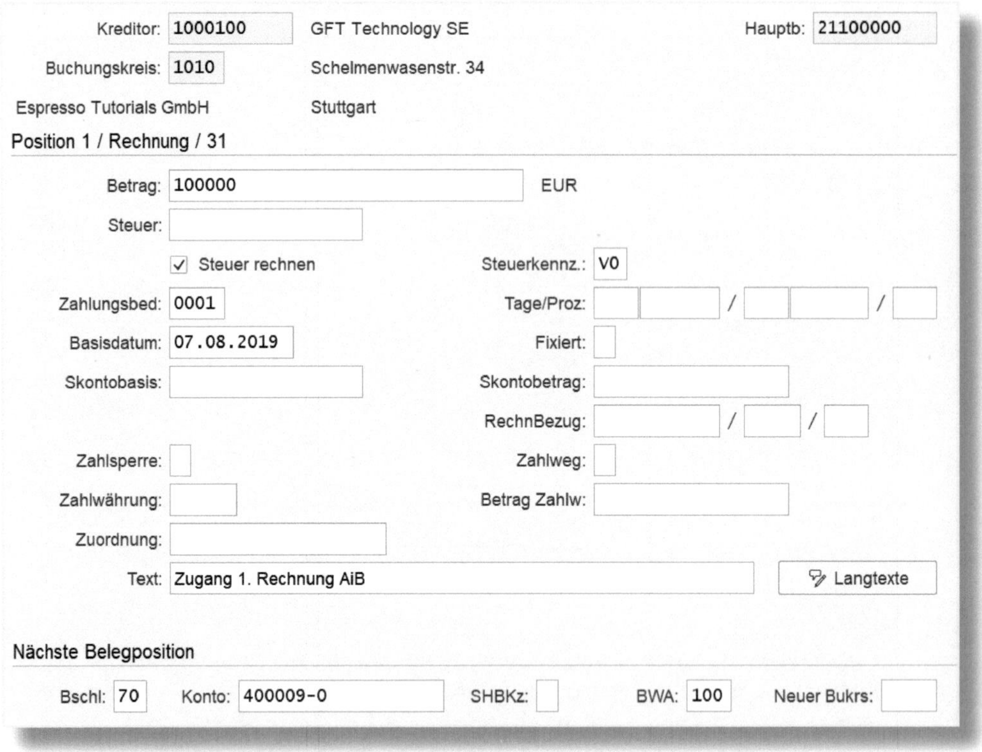

Abbildung 3.44: Transaktion »F-90« – Anlage im Bau, Rechnungserfassung

Der Asset Explorer stellt sich nach den beiden Zugangsbuchungen für die Anlage im Bau wie in Abbildung 3.45 dar.

Die Kosten auf der Anlage im Bau werden eine Woche nach der Aktivierung auf die bereits eingepflegten Anlagen (Gebäude, Teil A + B) abgerechnet.

In SAP S/4HANA wird bei der Abrechnung auf die Endanlage(n) für jede Ledger-Gruppe eine eigene Abrechnungsvorschrift angelegt. In Abbildung 3.46 sehen Sie die Einzelpostenliste (Transaktion *AIAB*, Verteilen). Hier wählen wir die Positionen aus, die von der Anlage im Bau nach unterschiedlichen Prozentsätzen – in unserem Beispiel

30 Prozent auf Gebäudeteil A und 70 Prozent auf Gebäudeteil B – abgerechnet werden sollen. Alternativ kann für die Erfassung der Verteilung die Fiori-App »Verteilungsregeln definieren« verwendet werden.

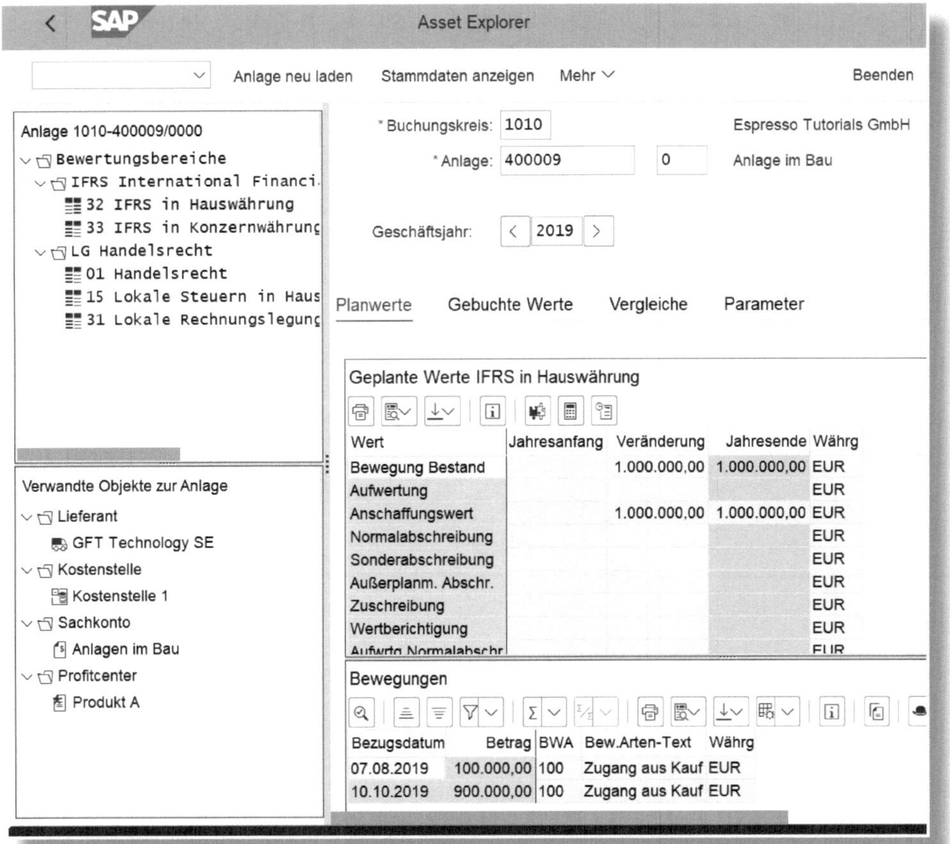

Abbildung 3.45: Transaktion »AW01N« – Asset Explorer, AiB nach Rechnungserfassung

Es ist grundsätzlich möglich, eine Regel für alle Ledger-Gruppen oder für jedes einzelne Ledger unterschiedliche Regeln anzulegen. In unserem Beispiel sehen Sie in der ersten Zeile die Ledger-Gruppe 0L, die das führende Ledger darstellt, und in der zweiten Zeile die Ledger-Gruppe *2L* als paralleles Ledger, die für eine andere Rechnungslegungsvorschrift eingerichtet wurde (siehe Abbildung 3.46).

Nach Aufruf der Transaktion *AIAB* müssen wir die Nummer der Anlage im Bau, in unserem Beispiel *400009*, eintragen. Die Felder im Bereich »Einstellungen« können leer bleiben (dieser Schritt wird hier nicht dargestellt). Anschließend erscheint die Einzelpostenliste, in der die Aufteilungsregeln erfasst werden.

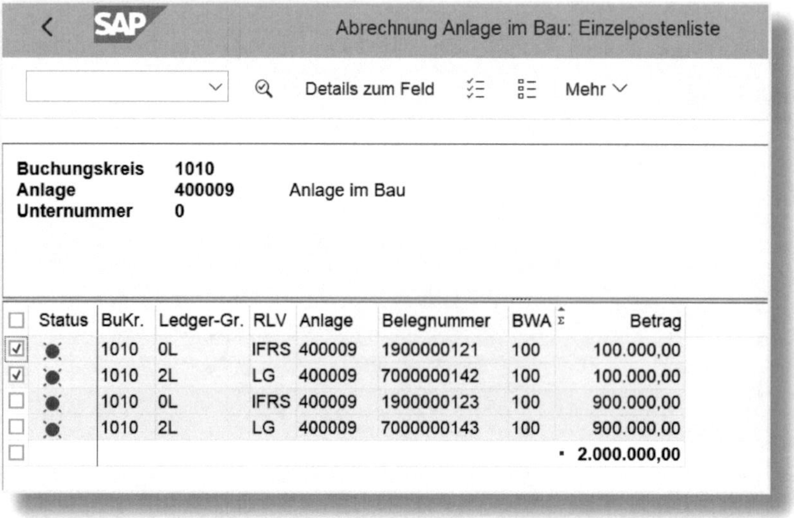

Abbildung 3.46: Transaktion »AIAB« – AiB Aufteilungsregelzuordnung

Um die Abrechnungsvorschriften für die Anlage im Bau zu erfassen, markieren wir zuerst die relevanten Belege. Danach gelangen Sie durch Drücken des Buttons ERFASSEN in die Maske für die Pflege der Abrechnungsvorschriften. Es wird nun in jeder Zeile die gewünschte Abrechnungsvorschrift zugeordnet, wobei der Abrechnungsempfänger (Gebäude, Teil A oder B) und der abzurechnende Anteil in Prozent einzugeben sind (siehe Abbildung 3.47).

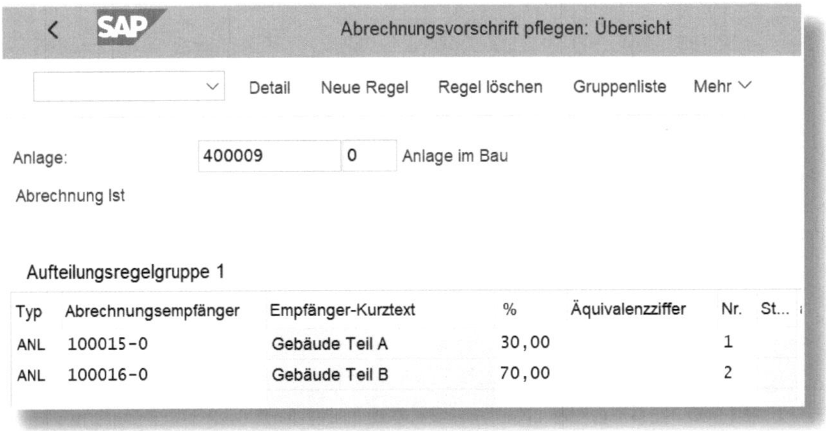

Abbildung 3.47: Transaktion »AIAB« – Pflege Abrechnungsvorschrift

Nach vollständiger Zuordnung ändert sich der Status von rot (siehe Abbildung 3.46) auf grün (siehe Abbildung 3.48).

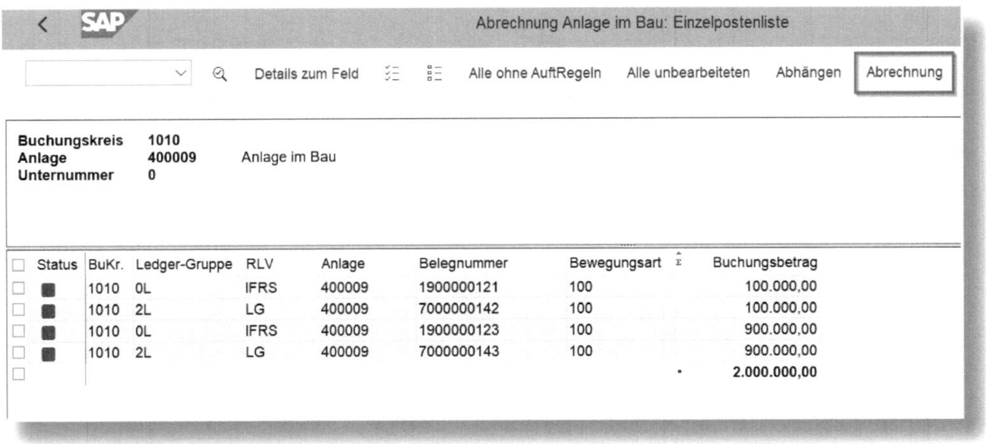

Abbildung 3.48: Transaktion »AIAB« – Status Pflege Abrechnungsvorschrift

Nachdem Sie die Aufteilungsregeln gesichert haben, führen Sie die Abrechnung der AiB auf die beiden Anlagen (Gebäude, Teil A und B) über den Button ABRECHNUNG aus. Alternativ kann in S/4HANA die Transaktion *AIBU* (Abrechnung Anlage im Bau) bzw. in SAP Fiori die App »Abrechnung ausführen« aufgerufen werden, die für jede Ledger-Gruppe einen eigenen Beleg bucht.

Für unser Beispiel werden im Bereich DATUMSANGABEN das Datum der Aktivierung der Zielanlagen (31.12.2019) und die BELEGART *AA* (Anlagenbuchung) eingegeben. Es empfiehlt sich, zuerst einen Testlauf zur Überprüfung auf Fehlermeldungen durchzuführen. Nach erfolgter Buchung werden zwei Belegpositionen, eine pro Rechnungslegungsvorschrift, erzeugt (siehe Abbildung 3.49).

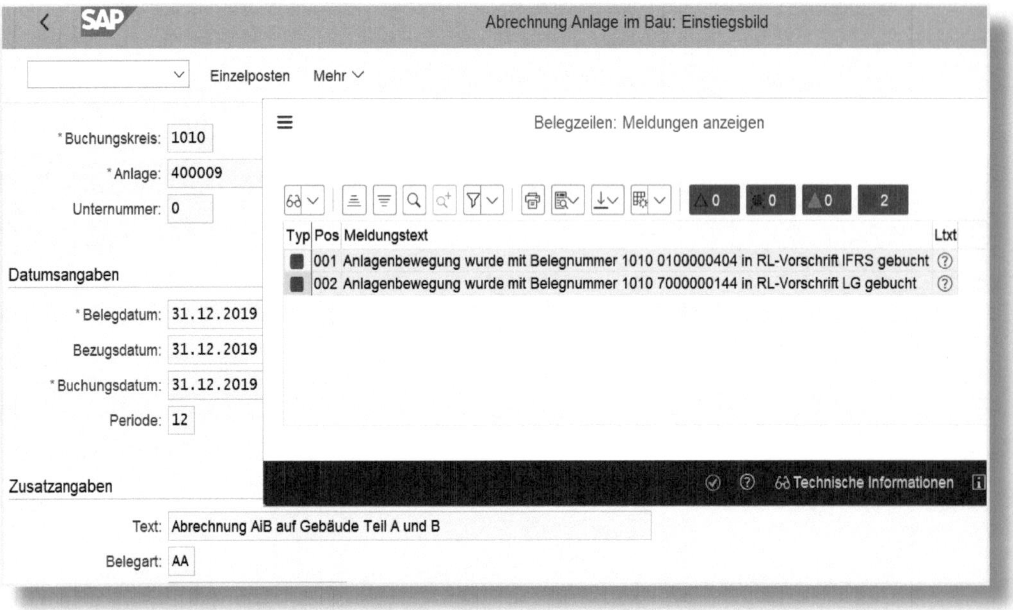

Abbildung 3.49: Transaktion »AIBU« – Abrechnung der AiB

Der Asset Explorer für die Anlage im Bau stellt sich nun wie folgt dar (siehe Abbildung 1.50): Beide Gebäudeteile (A und B) können genutzt werden, die Anlage im Bau weist durch die vollständige Abrechnung keinen Wert mehr auf. Im Bereich BEWEGUNGEN erscheinen zwei Zeilen mit Bewegungsart *345 (Umbuchung Neuzugang abgehend von Anlage im Bau Einzelposten)*.

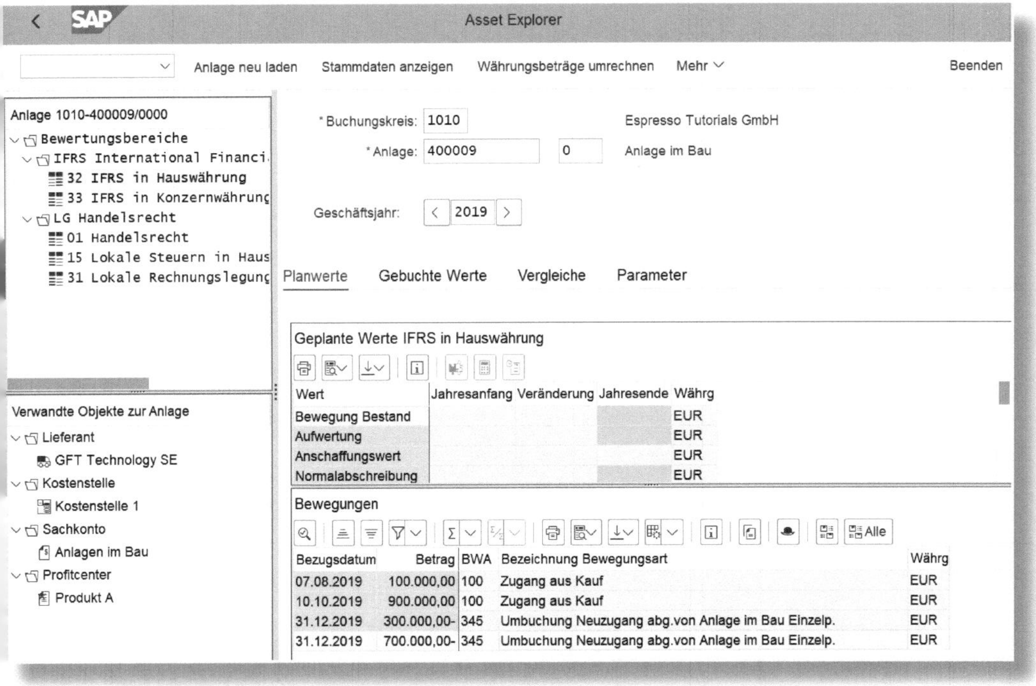

Abbildung 3.50: Transaktion »AW01N« – Asset Explorer, AiB nach Abrechnung

Wenn wir uns nun beispielhaft für Gebäudeteil A den Asset Explorer ansehen, können wir den durch die Abrechnung zugegangenen Wert in Höhe von 300.000 EUR als Anschaffungswert, die geplante Abschreibung sowie die dazugehörige Bewegung mit einer eigenen BEWEGUNGSART (*346 – Umbuchung Neuzugang zugehend von Anlage im Bau*) erkennen (siehe Abbildung 3.51).

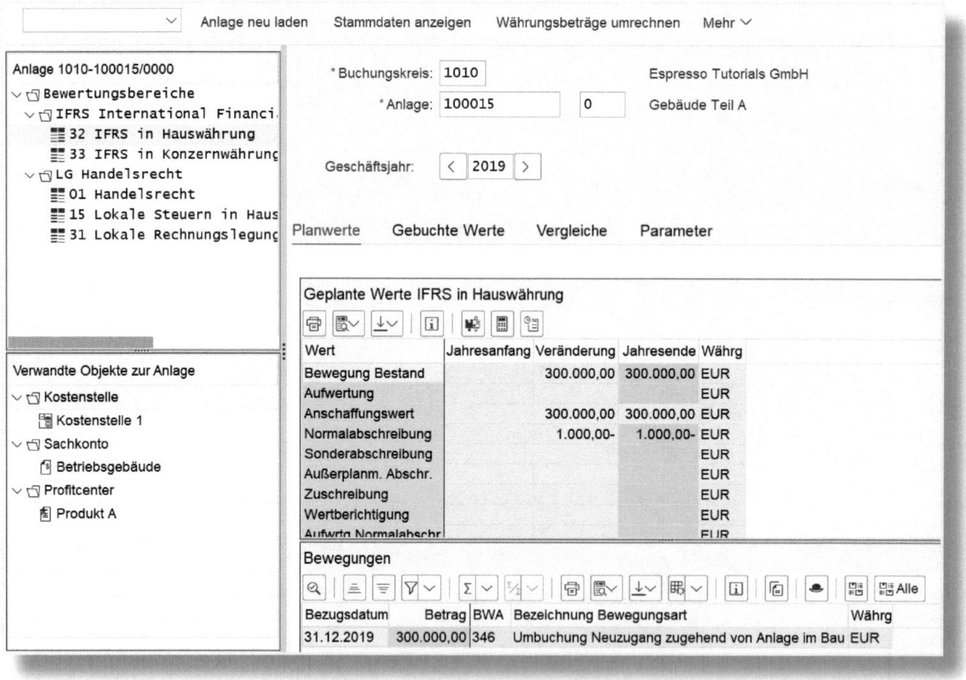

Abbildung 3.51: Asset Explorer – Zielanlage nach Abrechnung

Bezüglich der Führung von Anlagen im Bau lassen sich noch weitere Geschäftsvorfälle unterscheiden:

- Anzahlungen bei Anlagen im Bau
- Storno einer Abrechnung von im Bau befindlichen Anlagen

Anzahlung für eine Anlage im Bau

Anzahlungen stellen Zugänge auf Anlagen im Bau dar, die wie beim Kauf über die Kreditorenbuchhaltung abgewickelt werden können. Eine Abrechnung der AiB ist allerdings erst nach Ausgleich der Anzahlung durch eine (Schluss-)Rechnung oder Stornierung möglich.

Die Erfassung einer Anzahlung erfolgt über die Transaktion *F-48* oder über die SAP-Fiori-App »Kreditorenanzahlungen buchen«; sie wird nach erfolgter Buchung im Asset Explorer in einer eigenen Zeile und mit Bewegungsart ausgewiesen (siehe Abbildung 3.52).

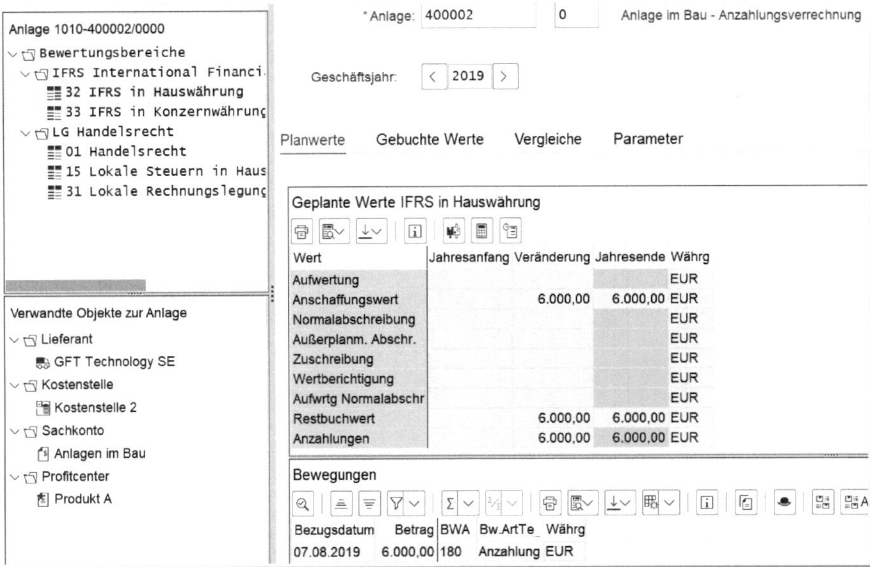

Abbildung 3.52: Asset Explorer – Anzahlung

Nach Buchung der Kreditoren-Schlussrechnung (Transaktion *F-90*) kommt es zur Verrechnung der Anzahlung mittels Transaktion *F-54* (Kreditorenanzahlung auflösen), wie Abbildung 3.53 zeigt.

Abbildung 3.53: Transaktion »F-54« – Verrechnung Anzahlung

Die Verrechnungsbuchung wird im Asset Explorer als Anlagenbewegung mit eigener Bewegungsart dargestellt (siehe Abbildung 3.54).

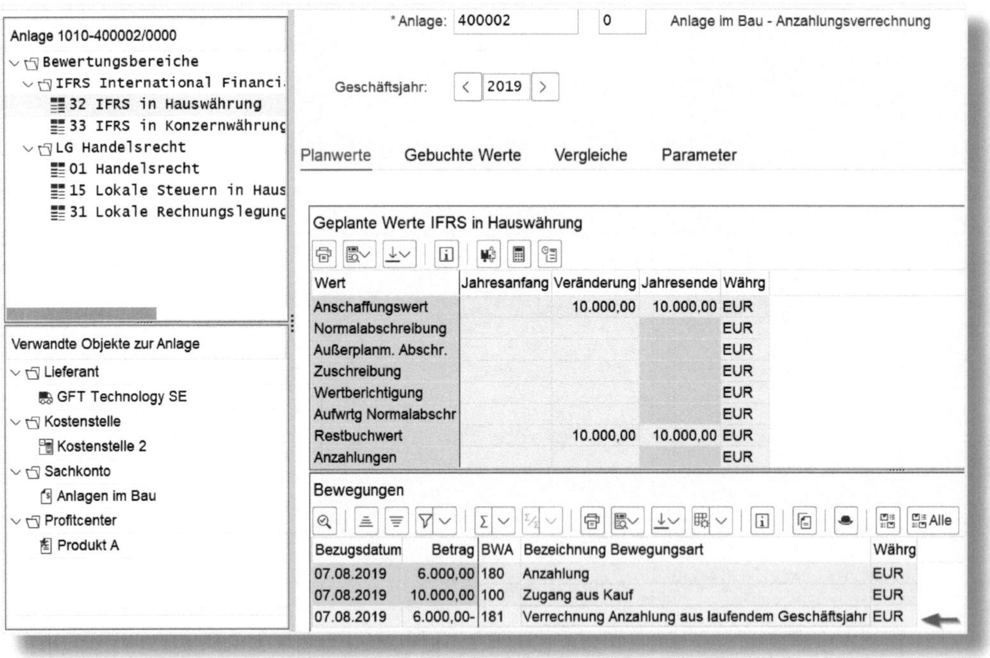

Abbildung 3.54: Asset Explorer – Verrechnung Anzahlung

Storno Abrechnung

Sie können, soweit erforderlich, die Abrechnung mithilfe der Transaktion *AIBU* und über den Menüpfad UMFELD • STORNO oder mittels der Transaktion *AIST* rückgängig machen (siehe Abbildung 3.55). Die dazugehörige App in SAP Fiori lautet »Abrechnung stornieren«. Hierbei werden alle Belege storniert, die im Rahmen der letzten Abrechnung von der Anlage im Bau auf die drei Anlagen gebucht wurden, pro RLV wird dabei ein Beleg erzeugt.

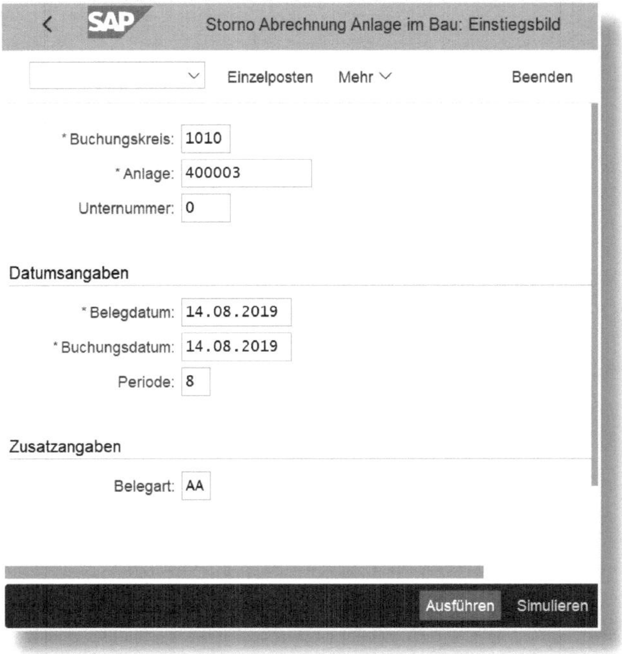

Abbildung 3.55: Transaktion AIST – Storno Abrechnung

4 Der neue Abschreibungslauf

In diesem Kapitel beginnen wir mit einer knappen Darstellung, welche Neuerungen sich für den Abschreibungslauf in SAP S/4HANA im Vergleich zum alten Abschreibungslauf im ERP-System ergeben haben, und stellen anschließend die wesentlichen Veränderungen einander gegenüber.

4.1 Die neuen Aspekte

Die Ablösung der Delta-Bewertungssystematik in S/4HANA hat verschiedene Aspekte zur Folge:

- Einfache und verständliche Darstellung des Bewertungsplans ohne Delta-Bewertungsbereiche
- Nachvollziehbarkeit und Prüfbarkeit der gebuchten Belege
- Gleichbehandlung aller Bewertungsbereiche und parallele Bewertung komplett in Echtzeit
- Mehr Transparenz durch überarbeitete Transaktionen mit Belegbuchungen über Ledger-Gruppen; damit Ablösung der Bewegungsarten für Buchungen durch einzelne Bewertungsbereiche

Folgende weitere Vereinfachungen und Optimierungen ergeben sich unter SAP S/4HANA:

- Anlagenwertetabellen (ANEK, ANEP, ANEA, ANLP und ANLC) werden durch die neue Belegtabelle ACDOCA ersetzt und sorgen für eine Verschmelzung von Anlagen- und Hauptbuchbeleg.
- Der Abschreibungslauf wird als Einzelposten mit Bezug zur Anlage gespeichert (keine Summenbelege mehr).

- Der Abschreibungslauf kann jetzt auch pro Rechnungslegungsvorschrift angestoßen werden.
- In zahlreichen Transaktionen kann für das Buchen in bestimmte Bewertungsbereiche eine Rechnungslegungsvorschrift anstelle der Ledger-Gruppe/Bewegungsart verwendet werden.
- Jahreswechsel und Abstimmungsanalysen zwischen FI und FI-AA entfallen aufgrund der neuen Tabellenarchitektur in der Anlagenbuchhaltung.
- Es ist ein Reporting auf Basis von Einzelposten möglich.

Die Zusammenführung der finanzrelevanten Informationen in der neuen Anlagenbuchhaltung sorgt für klare Strukturen, schnellere Abschlüsse und verbesserte Auswertungsmöglichkeiten. Hierzu gehören:

- In der neuen Anlagenbuchhaltung verwenden wir für die Abschreibung weiterhin die bisherigen Transaktionscodes *AFAB* oder *AFABN*, jedoch werden sie nun auf das aktuelle Programm *FAA_DEPRECIATION_POST* abgebildet. Die ursprünglichen Programme *RAPOST2000* und *RAPOST2010* werden derzeit nicht genutzt.
- Der neue Abschreibungslauf bietet die Option, die Abschreibungen nach dem Rechnungslegungsprinzip zuzuordnen.
- Mit SAP S/4HANA lassen sich die kumulierten Abschreibungen und die Abschreibungen pro Anlage nach Vermögenswerten voneinander trennen, was in der klassischen Anlagenbuchhaltung bislang nicht möglich war. Dort hat das System, wann immer die Abschreibung durchgeführt wurde, zunächst die Tabelle ANLP und anschließend die Werte in den GL-Tabellen aktualisiert. Zuerst erfolgte eine Zusammenfassung der Abschreibungswerte für jedes Konto, dann wurde ein eigener interner Anlagenbeleg erstellt. Anschließend wurde dieser Anlagenbeleg in mehreren Einzelposten in einem FI-Beleg erzeugt. In der SAP ERP Central Component (ECC) war es daher schwierig, den tatsächlichen Buchungsbetrag pro Anlage und Periode zu finden. Die Tabelle ANLP hatte im Gegensatz zur Tabelle BSEG die Informationen.

Mit SAP S/4HANA zeigt uns die Tabelle ACDOCA die gebuchten Beträge pro Anlage, pro Periode und pro Rechnungslegungsvorschrift. Die entscheidende Veränderung ist das Buchen pro Hauptbuchkonto auf Anlagenebene.

Der Abschreibungslauf kann in SAP S/4HANA nun pro Rechnungslegungsvorschrift, wie beispielsweise in Abbildung 4.1, mit der Selektion *IFRS* gestartet werden. Sie können den Abschreibungslauf wie bisher mit der Einschränkung auf 1000 Anlagen im Vordergrund anstoßen. Die Tatsache, dass der Echtlauf nur als Job im Hintergrund eingeplant werden kann, bleibt bestehen.

Der Abschreibungslauf bucht nun pro Monat und Anlage eine separate Belegzeile, anstatt wie bisher die Belegsummen an das Hauptbuch zu übergeben. Mit dieser Neuerung ist es möglich, beim Buchen anhand von Substitutionen im FI nachträglich Belegzeilen mit neuen Feldern zu belegen, so beispielsweise das Feld VBUND (Partnergesellschaft). Da vorher die Buchungen aus FI-AA ins Hauptbuch für mehrere Anlagen aggregiert übergeleitet wurden, war dies in dieser Form bislang nicht möglich.

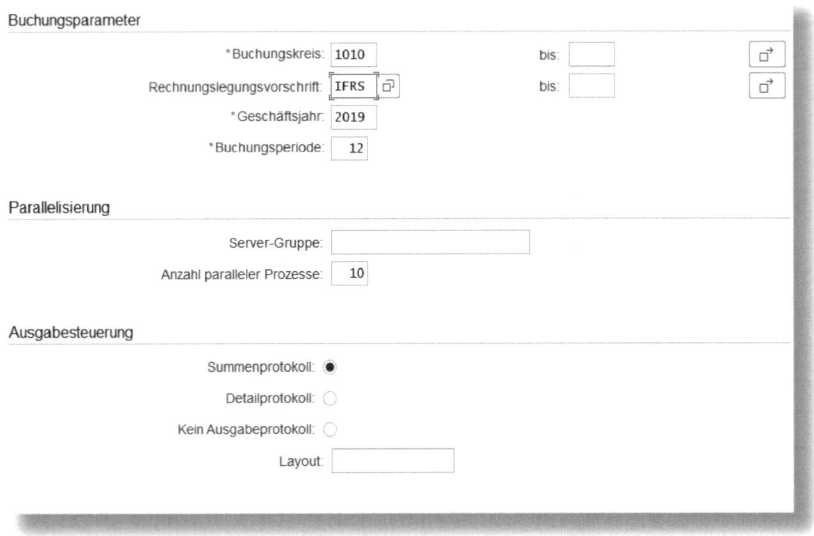

Abbildung 4.1: Abschreibungslauf HANA

Selbst wenn der Abschreibungslauf nachträglich für mehrere Perioden durchgeführt werden soll, bucht das System die Abschreibungen trotzdem zusammen in der Periode, in der der AfA-Lauf nachgeholt wird. Im FI wird aber weiterhin für jeden Monat ein (FI-)Beleg für die AFA-Buchungen erzeugt, und zwar für mehrere Anlagen gemeinsam. Falls beim Buchen bei einer Anlage ein Fehler auftritt, kann kein FI-Beleg gebucht werden. Es wird an dieser Stelle ein Fehlerprotokoll für alle Anlagen erstellt, in dem fehlerhafte Belege aufgelistet werden.

Der Abschreibungslauf unter SAP S/4HANA wurde hinsichtlich der Buchungslogik und der Performance weitgehend optimiert. Die wesentliche Änderung ist, dass wir vollständige Buchungsdetails bei den General Ledgern sowie einen Bericht über die in der Rechnungslegungsvorschrift und der Geschäftsperiode gebuchten Daten erhalten. Die zugrunde liegende Quelle ist die Tabelle ACDOCA.

Beispielsweise zeichnet die Tabelle ACDOCA für ein und denselben FI-Beleg die folgenden Daten auf:

- Ledger (Rechnungslegungsvorschrift)
- Bewertungsbereich (der auf den GL bucht)
- Vermögen
- Geschäftsjahr/Periode
- Abschreibungsdauer

4.2 Gegenüberstellung alt vs. neu

- In SAP ECC wird der durch den Abschreibungslauf erzeugte FI-Beleg nur dann gebucht, wenn kein Fehler in den Anlagen vorliegt, und zwar selbst dann, wenn nur eine einzige der im FI-Beleg zusammengefassten Anlagen einen Fehler enthält. Erst nachdem Sie den zugrunde liegenden Fehler behoben haben, kann das Programm im Restart-Modus ausgeführt werden. Daher wird empfohlen, den Report immer zunächst als TESTLAUF durchzuführen (siehe Abbildung 4.2).

Dies ist bei SAP S/4HANA nicht mehr der Fall. Die fehlerfreien Anlagen dürfen bebucht werden, und nur die fehlerhaften Anlagen werden zurückgehalten. Sie können sogar die Monatsabschlussarbeit vollenden und (in dieser Situation) zur nächsten Periode übergehen. Am Jahresende müssen Sie jedoch alle Fehler korrigieren, die Sie während des Periodenlaufs übersprungen haben, um das Geschäftsjahr abzuschließen. Entscheidend ist aber, dass ein einzelner Fehler auf einer Anlage die Buchung der Abschreibungen auf andere Anlagen nicht verzögert.

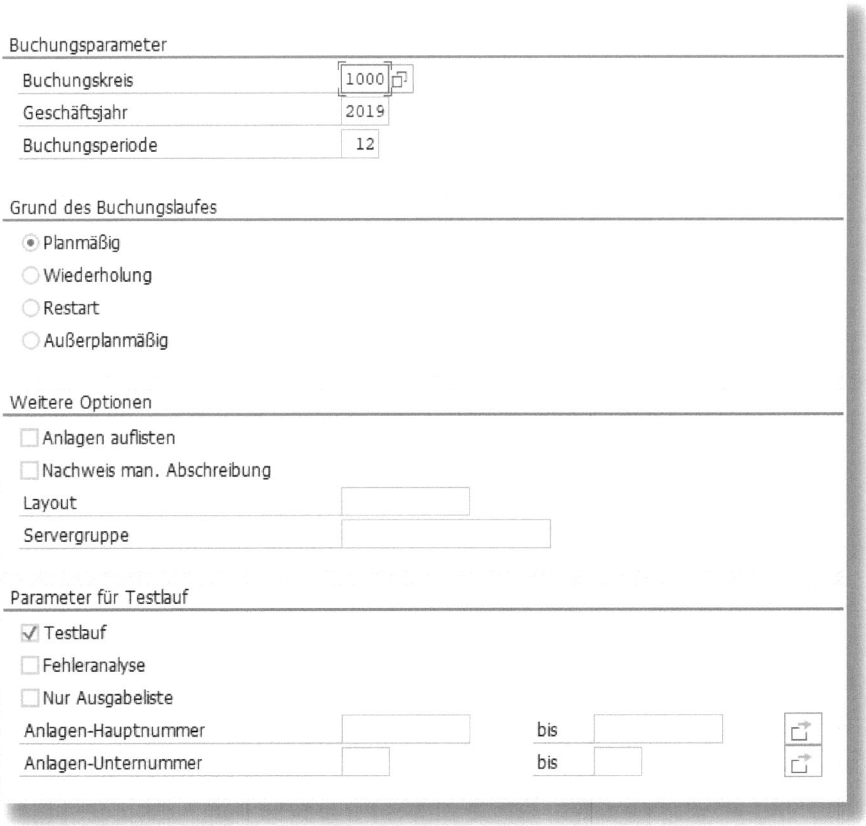

Abbildung 4.2: Abschreibungslauf in SAP ERP

- In S/4HANA können Sie den Abschreibungslauf für mehrere Buchungskreise durchführen. Bisher war das Abschreiben für eine Reihe von Buchungskreisen in SAP ECC nur möglich, indem Sie das Programm *RAPOST2010* direkt ausgeführt haben. RAPOST2010 wurde keinem Transaktionscode zugeordnet, sodass nur wenige Kunden davon Kenntnis hatten. In S/4HANA ermöglicht das Hauptprogramm diese buchungskreisübergreifende Ausführung.
- Das Selektionsbild hat sich in einigen Punkten deutlich verändert. In SAP ECC gab es unter »Grund für den Buchungslauf« vier Optionen, die in SAP S/4HANA nicht mehr verfügbar sind. Hier bestimmt das neue Programm korrekt, welche Art von Abschreibungslauf Sie durchführen. Sie sehen zwar wie schon in SAP ECC die Möglichkeiten der Parallelverarbeitung auf dem Selektionsbild, aber wie diese verwendet werden, hat sich in S/4HANA geändert. In SAP ECC läuft dieses Buchungsprogramm nur parallel, wenn eine Servergruppe angegeben wird. Lassen Sie die Servergruppe in S/4HANA leer, hat dies den gegenteiligen Effekt: In diesem Fall läuft das Programm stets zeitgleich auf allen verfügbaren Servern mit der angegebenen Anzahl von Prozessen (zehn ist Standard). Um zu kontrollieren, wie diese Parallelisierung funktioniert, müssen Sie eine Servergruppe entsprechend konfigurieren, d. h., Sie können mittels Transaktion *RZ12* festlegen, welche Applikationsserver von der Transaktion genutzt werden können. Durch die Parallelisierung verteilen Sie die Last auf mehrere Applikationsserver, wodurch die Laufzeit des Abschreibungslaufs stark reduziert wird.
- Es gibt eine neue Schaltfläche INFO FÜR BUCHUNGSPARAMETER. Hier werden die Informationen des letzten Ausführungslaufs, aufgelistet nach Gesellschaft und Rechnungslegungsvorschrift, angezeigt. Bisher war der einzige Weg, um herauszufinden, welche Periode zuletzt gebucht wurde, ein Blick auf die Tabellen T093D oder TABA. Die neue Funktion bringt dieselben Informationen zum Buchungsstatus auf die Benutzerseite. Dies war auch in SAP ECC verfügbar, erforderte aber die Aktivierung einer Business Function. Diese Funktionalität steht nun jedem Benutzer zur Verfügung.

Der größte Vorteil wird jedoch sein, dass in S/4HANA deutlich mehr Details zum General Ledger verfügbar sind. Da die Integration zwischen FI-AA und dem FI-GL in S/4HANA im Vergleich zu SAP ECC viel enger ist, zeigen die eigentlichen FI-Belege mehr Anlagendetails. Das neue Programm ist in seiner Ausführung viel schneller. Es muss nicht mehr die Tabelle ANLC lesen und den zu buchenden Planbetrag pro Anlage berechnen – was zeitweise ein problematischer und langwieriger Vorgang (Lesen einer großen Tabelle) war. In SAP S/4HANA liest das Programm jetzt lediglich die geplanten Abschreibungen und Aufwertungen *(FAAT_PLAN_VALUES)* für den zu buchenden Zeitraum.

5 Abschlussarbeiten und Auswertungen in der neuen Anlagenbuchhaltung

In diesem Kapitel werden wir die Standardprozesse zum Perioden- und Jahresende sowie die neuen Möglichkeiten betrachten, die sich im Berichtswesen durch die Benutzeroberfläche SAP Fiori ergeben haben. Die Anzahl der in diesem Themenbereich verfügbaren Anwendungen ist enorm; wir werden uns auf die wichtigsten bzw. aus unserer Erfahrung am häufigsten verwendeten Berichte konzentrieren.

5.1 Abschlussarbeiten

Periodische Aufgaben wie das Durchführen von Abschreibungsläufen wurden bereits im ersten Kapitel ausführlich behandelt. Weitere regelmäßig wiederkehrende Aktivitäten betreffen die Verbuchung von Investitionsförderungen (vgl. Abschnitt 3.10) sowie die Aufwertung und Neubewertung von Anlagen (vgl. Abschnitte 3.8 und 3.9).

Für die Erledigung der Abschlussarbeiten sind einige Transaktionen entfallen und stehen somit in SAP S/4HANA nicht mehr zur Verfügung. Neben der daraus resultierenden Vereinfachung der Arbeiten zum Periodenende wirkt sich die Verschmelzung von Hauptbuch und Anlagenbuchhaltung außerdem positiv auf die Performance der periodischen Abschlussberichte aus.

Folgende Transaktionen wurden nicht in SAP S/4HANA übernommen:

- *ASKBN* (Bestandsbuchungslauf):
  Der periodische Bestandsbuchungslauf entfällt, da die Anlagenbewegungen für zusätzliche Ledger in Echtzeit im Hauptbuch gebucht werden.

- *ABST2 und ABST* (Abstimmung Hauptbuch und Anlagenbuchhaltung):
  Das gleichzeitige Fortschreiben von Hauptbuchkonten und Anlagen macht eine Abstimmung der Anlagenbewegungen mit dem Hauptbuch obsolet.
- *AJRW* (Jahreswechsel):
  Die Ausführung des Jahreswechsels in der Anlagenbuchhaltung erfolgt nun gemeinsam mit dem Saldovortrag über die Transaktion *FAGLGVTR* (siehe Abbildung 5.1).

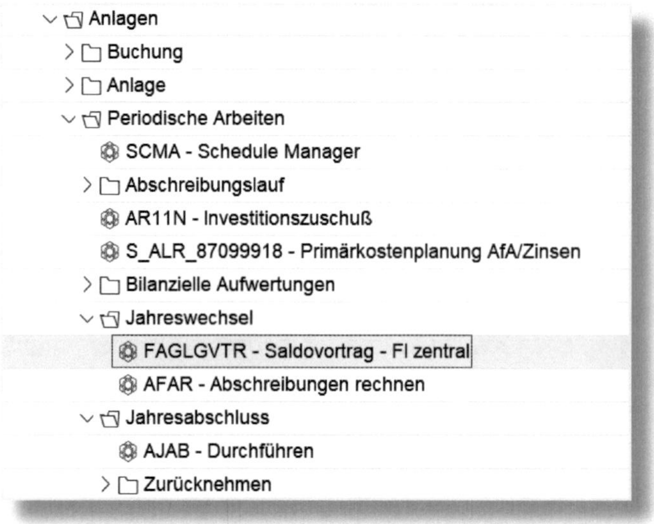

Abbildung 5.1: Saldovortrag in Finanz- und Anlagebuchhaltung

Alternativ kann der Jahreswechsel über die SAP-Fiori-App »Saldovortrag ausführen« gestartet werden. Dabei werden sowohl die Salden der Sachkonten als auch diejenigen der Kreditoren, Debitoren und Anlagen zeitgleich ins neue Geschäftsjahr fortgeschrieben. Dieser Schritt ist die Voraussetzung für Buchungen in das neue Geschäftsjahr, er sollte kurz vor dem Jahresabschluss vorgenommen werden.

Im Selektionsbild der App (siehe Abbildung 5.2) wählen Sie den Buchungskreis sowie das Geschäftsjahr, in das die Salden übernommen werden sollen. Nach erfolgtem Saldovortrag können Sie unter den Reitern Vorschau bzw. Fertig die übertragenen Salden der Bestands- und Erfolgskonten einsehen.

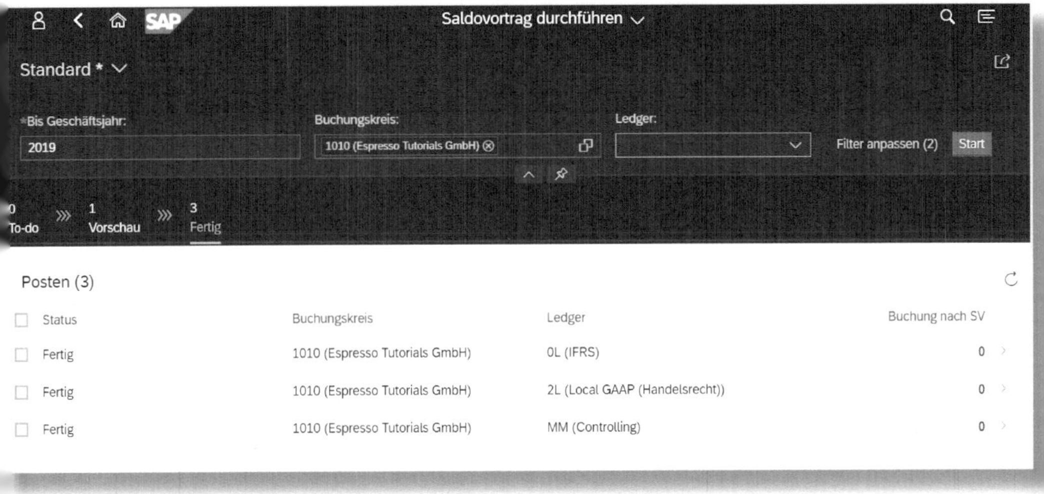

Abbildung 5.2: SAP-Fiori-App »Saldovortrag durchführen«

Neben der Durchführung des Jahreswechsels erfolgt in einem zweiten Schritt der Jahresabschluss in der Anlagenbuchhaltung. Dieser ist vor dem Abschluss des Geschäftsjahres in SAP FI durchzuführen. Dazu gehören vorbereitende Tätigkeiten in der Anlagenbuchhaltung wie die Abrechnung sämtlicher Anlagen im Bau, die Neuberechnung der Abschreibungen (sofern Änderungen an den Anlagen im abzuschließenden Geschäftsjahr vorgenommen wurden) und die erfolgreiche Ausführung des letzten AfA-Buchungslaufes.

Der Jahresabschluss erfolgt – wie bisher – über die Transaktion *AJAB* und wird für alle Bewertungsbereiche und Rechnungslegungsvorschriften ausgeführt. Alternativ können Sie ihn über SAP Fiori vornehmen bzw. als Hintergrundjob einplanen. Hierzu steht Ihnen die Fiori-App »Anlagenbuchhaltungs-Jobs einplanen« zur Verfügung.

Das Jahresabschlussprogramm prüft auf korrekte Berechnung und vollständige Verbuchung der Abschreibungen im Hauptbuch sowie auf das Vorhandensein von unvollständigen Anlagen. Sobald der Jahresabschluss vollzogen ist, kann das vollendete Geschäftsjahr in der Anlagenbuchhaltung nicht mehr bebucht werden. Sollte dies dennoch gewünscht sein, haben Sie über die Transaktion *OAAQ* bzw. in SAP Fiori über die App »Jahresabschluss zurücknehmen« die Möglichkeit, das bereits abgeschlossene Geschäftsjahr erneut zu öffnen.

5.2 Berichtswesen in SAP Fiori

Neben den Performancevorteilen der HANA-Datenbank auf Basis des neuen Datenmodells und der Vereinheitlichung sowie Zusammenführung der Datenstrukturen im Universal Journal bieten sich dem Anwender mit der Benutzeroberfläche SAP Fiori erweiterte Reporting-Möglichkeiten. Viele Berichte können nun vom Berichtsempfänger direkt ohne Zwischenschritte generiert werden.

Die Anwendungen (Apps), mit denen Berichte aufgerufen werden, erscheinen als Kacheln im sogenannten *Fiori Launchpad*, der Einstiegsseite in SAP Fiori. Diese Startseite kann individuell gestaltet werden.

So besteht die Möglichkeit, über den Button am linken oberen Bildschirmrand in die persönlichen Einstellungen zu gelangen und die Startseite zu bearbeiten. Sie können beispielsweise einen eigenen Gruppennamen (z. B. »Meine Anlagenbuchhaltung«) vergeben und die gewünschten Apps als Kacheln per Drag-and-drop dieser Gruppe hinzufügen. Abbildung 5.3 soll dies veranschaulichen.

Der Zugriff auf SAP-Fiori-Anwendungen bzw. die dazugehörigen Daten kann von diversen Endgeräten aus, etwa von einem Tablet oder einem Smartphone, erfolgen.

Das Reporting für die Anlagenbuchhaltung in SAP S/4HANA über die bekannte SAP-GUI-Oberfläche bleibt aber auch weiterhin bestehen.

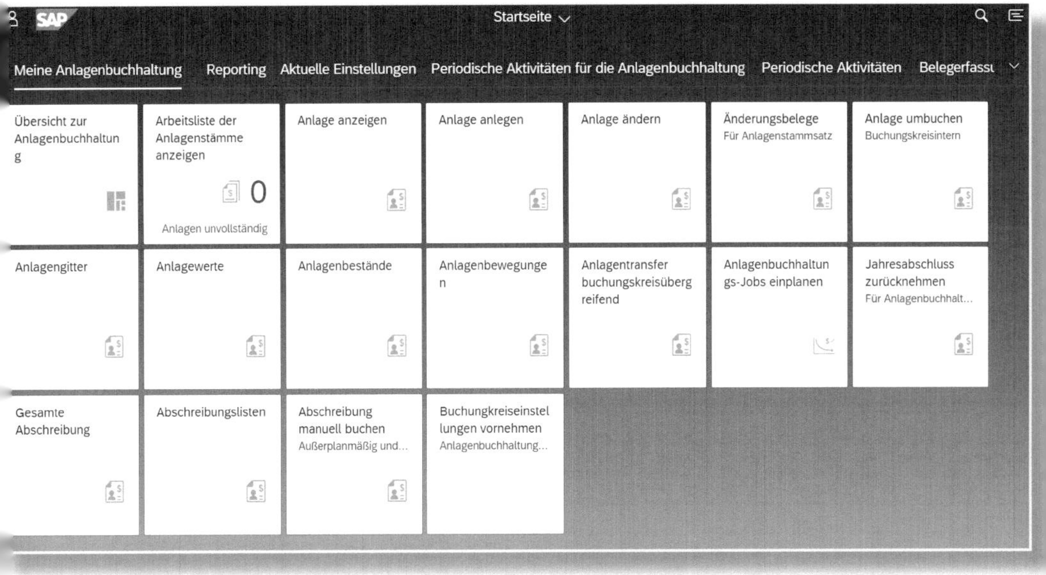

Abbildung 5.3: SAP Fiori Launchpad – Meine Anlagenbuchhaltung

5.3 Reporting in der Anlagenbuchhaltung

Einen sehr guten Einstiegspunkt für das Reporting in der Anlagenbuchhaltung bietet die Fiori-App »Übersicht zur Anlagenbuchhaltung« (siehe Abbildung 5.4).

Abbildung 5.4: SAP-Fiori-App »Übersicht zur Anlagenbuchhaltung«

Auch an dieser Stelle sehen Sie wieder den bereits von der Startseite bekannten Button am linken oberen Bildschirmrand, der Ihnen benutzerspezifische Einstellungen wie das Ändern des Erscheinungsbildes, Datumsformats usw. erlaubt. Wenn Sie diesen anklicken, erscheint u. a. der sehr hilfreiche Button KARTEN VERWALTEN, über den Sie die anzuzeigenden Kacheln aktivieren bzw. deaktivieren und somit die Ansicht individualisieren können. Das System merkt sich gleichzeitig die zuletzt bzw. häufig eingesetzten Anwendungen des jeweiligen Benutzers, die an dieser Stelle jederzeit wieder aufgerufen werden können.

Es stehen u. a. folgende Berichte zur Verfügung:

- Anlagenstammsatz anlegen
- Anlage anzeigen

- Arbeitslisten der Anlagenstämme anzeigen
- Anlagenbewegungen
- Anlagenzugänge
- Anlagenabgänge
- Anlagenbestandsliste
- Anlagen im Bau
- Asset Explorer
- Anlagengitter
- Herkunft von Anlagen
- Abschreibungslisten
- Zu buchende Abschreibung
- Offene Bestellungen mit Kontierung »A« (mit Diagrammansicht)

Über die sogenannten Quick Links (in Abbildung 5.4 rechte Spalte) können Sie bestimmte Berichte direkt aufrufen. Nachfolgend werden die wichtigsten Berichte kurz erläutert.

Anlagenbewegungen

Die SAP-Fiori-App »Anlagenbewegungen« (Aufruf in SAP GUI: Transaktion *AR19*) zeigt alle Bewegungen eines Geschäftsjahres je Bewertungsbereich, wobei in der Spalte Bewegungsart Anlagen der jeweilige spezifische Geschäftsfall (Zugang, Abgang, Umbuchung etc.) ersichtlich ist (siehe Abbildung 5.5).

Neu in SAP Fiori ist die Möglichkeit, zwischen den verschiedenen Darstellungsarten Tabellenansicht, Diagramm- und Tabellenansicht oder nur Diagrammansicht zu wechseln (siehe Markierung).

Abbildung 5.5: SAP-Fiori-App »Anlagenbewegungen«

Anlagenbestandsliste

Während in der SAP GUI unterschiedliche Anlagenbestandsberichte pro Kriterium (z. B. Anlagenklasse, Kostenstelle, Werk) verfügbar sind, ist es in der Fiori-App »Anlagenbestandsliste« möglich, eine Vielzahl vorhandener Dimensionen beliebig zu kombinieren und so äußerst flexible Darstellungsformen zu erzielen.

Zusätzlich können Sie an dieser Stelle in zahlreiche Anlage-, FI- und CO-Transaktionen (Apps) verzweigen. So lassen sich beispielsweise die zur Anlage gehörigen Stammdaten inklusive der entsprechenden FI- und CO-Belege rasch aufrufen (siehe Abbildung 5.6).

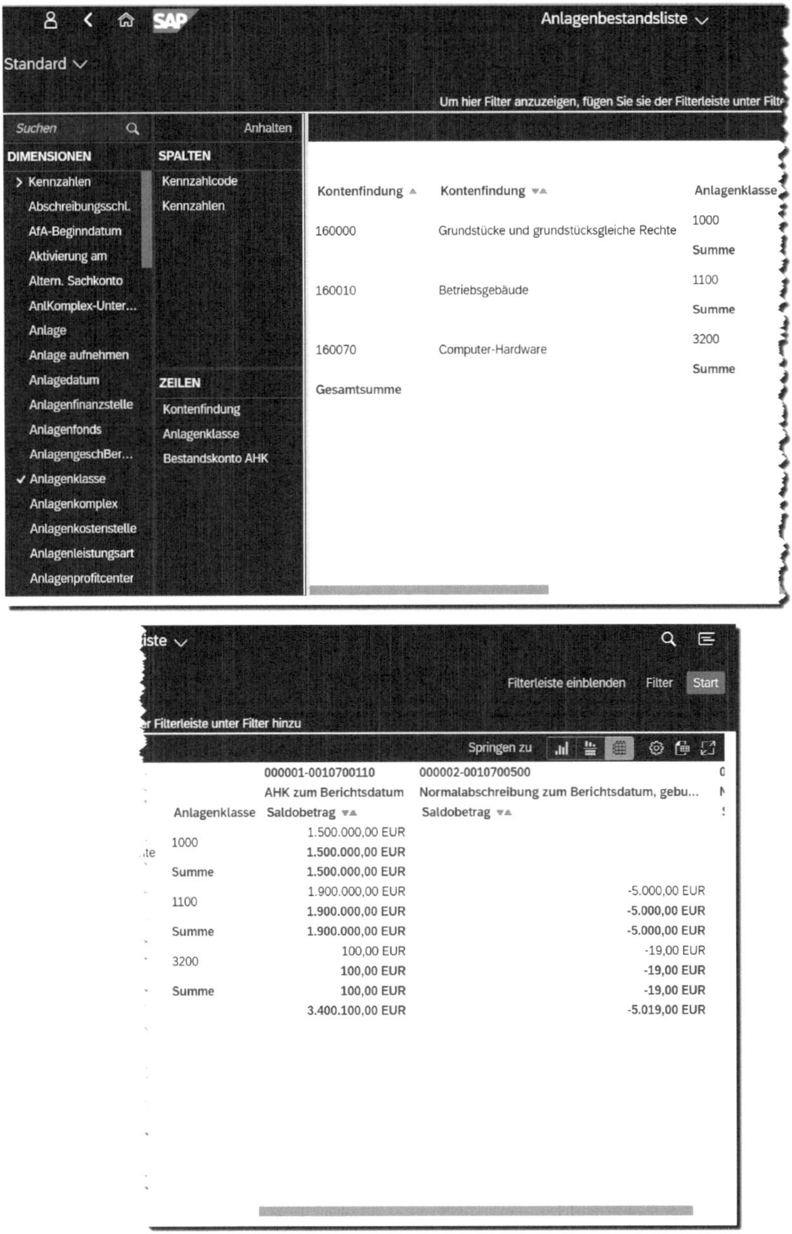

Abbildung 5.6: SAP-Fiori-App »Anlagenbestandsliste«

Asset Explorer

Die SAP-Fiori-App *Anlagenwerte* (Asset Explorer: Transaktion *AW01N*) ist für die Darstellung einzelner Anlagen gedacht. Sie zeigt eine Übersicht der Anlagenbewegungen und Vergleichswerte über einen vorbestimmten Zeitraum, den Anschaffungswert sowie die geplanten Normalabschreibungen für jeden im Buchungskreis dargestellten Bewertungsbereich.

Die Anwendung kann in SAP Fiori alternativ mit der App »Übersicht zur Anlagenbuchhaltung« über den Quick Link ANLAGE ANZEIGEN und den Button ANLAGENWERTE aufgerufen werden.

Oben links im Startbildschirm des Asset Explorers (siehe Abbildung 5.7) können Sie mit Klick auf die Anlagennummer bzw. den Button STAMMDATEN ANZEIGEN in den Anlagenstammsatz (Fiori-App »Anlage anzeigen«) verzweigen. Ebenso ist über ANLAGENBERICHTE AUFRUFEN ein direkter Zugriff auf verschiedene Standardberichte wie Anlagengitter, Abschreibungen usw. möglich.

Der Übersichtsbaum im linken oberen Bildschirmteil gestattet Ihnen ein rasches Wechseln zwischen den verschiedenen Bewertungsbereichen; unterhalb davon sind die sogenannten *Verwandten Objekte zur Anlage* wie Lieferant, KOSTENSTELLE und SACHKONTO aufgeführt. Hier ist zudem ein direkter Absprung in die jeweiligen Stammdaten möglich.

Im Kopfbereich des Bildschirms können Sie den BUCHUNGSKREIS sowie die Nummer und Unternummer zur ANLAGE angeben sowie zwischen den einzelnen Geschäftsjahren navigieren.

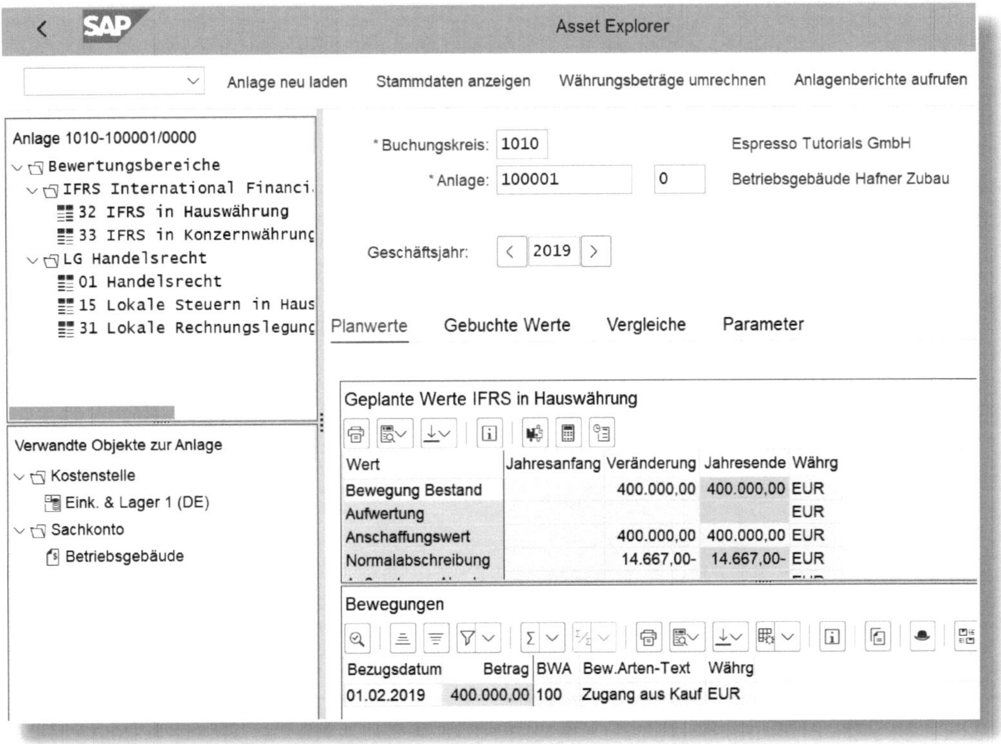

Abbildung 5.7: Asset Explorer

Unterhalb des Kopfbereichs befinden sich vier Registerkarten mit folgenden Informationen:

- Planwerte stellt alle Vorgänge dar, die die Anschaffungs- und Herstellungskosten verändern, alle Abschreibungswerte, die für die Anlage berechnet werden (einschließlich anteiliger Wertberichtigungen), sowie Zuschreibungen, Anzahlungen und den Restbuchwert. An dieser Stelle besteht über die jeweiligen Buttons zudem die Möglichkeit, die Abschreibung neu zu berechnen bzw. den Restbuchwert der Anlage zu einem bestimmten Zeitpunkt zu ermitteln. Der untere Bereich zeigt die im ausgewählten Geschäftsjahr angefallenen Bewegungen, wobei direkt in den dazugehörigen FI-Beleg verzweigt werden kann.

- Gebuchte Werte verweist auf die im aktuellen Geschäftsjahr bereits in die Finanzbuchhaltung gebuchten Werte.
- Vergleiche zeigt die gebuchten Werte für mehrere Jahre an.
- Parameter enthält Informationen wie den Abschreibungsschlüssel und weitere Merkmale der Anlage.

Anlagengitter

Das »Anlagengitter« (Transaktion *S_ALR_87011990*) ist eine wichtige Auswertung für den Zwischen- bzw. Jahresabschluss eines bilanzierenden Unternehmens. Die Darstellung dieser Auswertung erfolgt in der SAP GUI noch mithilfe sogenannter *Gitterversionen* (im SAP-Standard oder als eigendefinierte Versionen). In SAP Fiori entfällt die Erstellung dieser Gitterversionen, da die vorhandenen Felder/Merkmale beliebig in Zeilen/Spalten kombiniert und hinzugefügt werden können.

Über den Button Springen zu haben Sie die Möglichkeit, in weitere SAP-Fiori-Apps zu wechseln.

Falls gewünscht, kann die Spaltenbreite mit gedrückter Maustaste (auf das Spaltenende) verkleinert bzw. vergrößert werden.

Abbildung 5.8 zeigt im oberen Bereich die Filterleiste mit den ausgewählten Kriterien sowie unterhalb die Werte pro Anlagenklasse mit den jeweiligen Bewegungsarten.

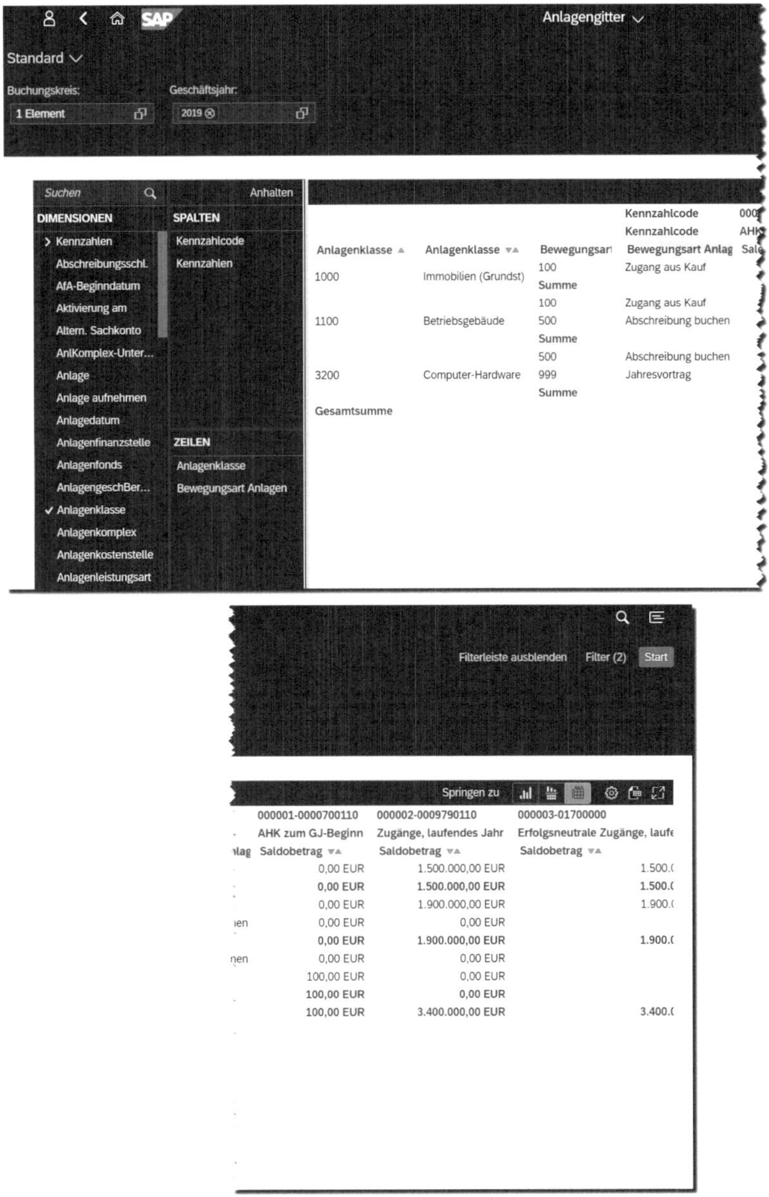

Abbildung 5.8: SAP-Fiori-App »Anlagengitter«

Arbeitsliste der Anlagenstämme anzeigen

Die Fiori-App »Arbeitsliste für Anlagenstämme anzeigen« gibt einen Überblick über den Status der Anlage. Durch Klicken auf einen der Statusbuttons filtern Sie die Liste auf unvollständige, sich in Bearbeitung befindliche, aktive oder abgegangene Anlagen (siehe Abbildung 5.9).

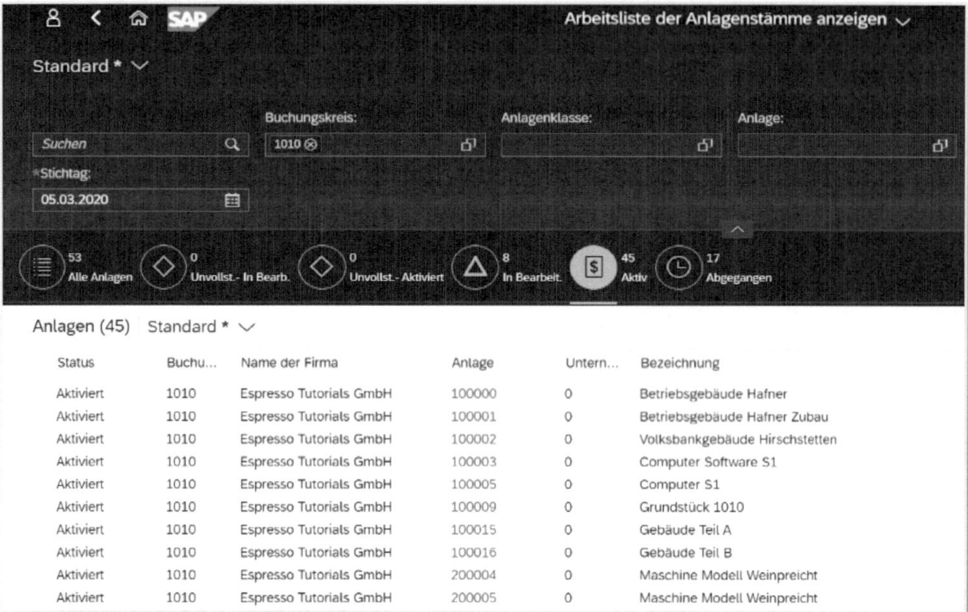

Abbildung 5.9: SAP-Fiori-App »Arbeitsliste der Anlagenstämme anzeigen«

Durch Klick auf eine Anlage erscheint ein Pop-up mit Detailinformationen. Zugleich haben Sie hier die Option, weitere Fiori-Apps auszuwählen und in diese direkt zu verzweigen.

Der Button > am rechten Bildschirmrand bietet eine Verzweigung aus der Anlagenzeile in die Fiori-App ANLAGE VERWALTEN, in der sämtliche Anlagenwerte ersichtlich sind.

Abschreibungslisten

Berichte über Abschreibungen dienen als Erläuterung für die Gewinn- und Verlustrechnung, sei es als Normalabschreibung, Sonderabschreibung, außergewöhnliche Abschreibung oder in Form von Rücklagenübertragungen.

SAP Fiori stellt für alle genannten Abschreibungsvarianten einen eigenen Report zur Verfügung, der über die App »Abschreibungslisten« aufgerufen wird und die gebuchten Abschreibungsbeträge zeigt. Nachfolgend sehen Sie die gebuchten Beträge der Normalabschreibung für alle Anlagen im Buchungskreis 1010 (siehe Abbildung 5.10).

Abbildung 5.10: SAP-Fiori-App »Abschreibungslisten«

Erweiterte Darstellungsmöglichkeiten bietet die App »Anlagenbestandsliste«, die u. a. auch die geplanten und gebuchten Abschreibungswerte ausweist.

Eine vollständige Übersicht über alle Anlagenwerte, die kumulierten (gebuchten und geplanten) Abschreibungen und den Restbuchwert der betreffenden Anlage(n) gibt die Fiori-App »Gesamte Abschreibungen«.

Alle genannten Anwendungen sind auch in der Einstiegsseite »Meine Anlagenbuchhaltung« hinterlegt (siehe Abbildung 5.3).

6 Migration nach SAP S/4HANA

Viele Kunden stehen aktuell oder künftig vor der Herausforderung der Überführung ihrer bestehenden SAP-Systemlandschaft in die neue SAP-S/4HANA-Umgebung. Dieses Kapitel beschreibt grundlegende Migrationsansätze bzw. Vorgehensweisen zur erfolgreichen Bewältigung dieses komplexen Umstiegs. Darüber hinaus gehen wir auf einzelne (aber nicht alle) Aktivitäten vor, während und nach der Migration ein, um Ihnen einen Eindruck davon zu vermitteln, was auf der Seite der Anlagenbuchhaltung zu tun ist.

Weiterführende Literatur

In diesem Zusammenhang möchten wir auf das Buch »SAP S/4HANA Migration Cockpit – Datenmigration mit LTMC und LTMOM« von Andreas Unkelbach, erschienen Anfang 2020 bei Espresso Tutorials verweisen, welches umfangreiche Informationen zum Migrationsprozess in SAP S/4HANA bereithält. Es kann unter der URL *http://5318.espresso-tutorials.de* aufgerufen werden.

6.1 Überblick

SAP-Firmen sollten rechtzeitig auf SAP S/4HANA wechseln, zumal die Wartung für die SAP-ERP- oder die SAP-Business-Suite-Installation laut Aussage des Softwareunternehmens 2027 endet. Die strategische Ausrichtung auf SAP S/4HANA wird dadurch verdeutlicht, dass die SAP einen Support für diese Produktlinie bis 2040 garantiert.

Die Wege zu SAP S/4HANA können unterschiedliche sein: eine *Neuimplementierung (Greenfield-Ansatz)* oder eine *Systemkonvertierung*, gleichzusetzen mit einer Migration von einem bestehenden SAP-ERP-

System (*Brownfield-Ansatz*). Das neue SAP-S/4HANA-System kann bei einem Greenfield-Ansatz in der Cloud oder On-Premise (vor Ort) betrieben werden; beim Brownfield-Ansatz besteht diese Wahl nicht, hier ist lediglich die On-Premise-Variante möglich.

Die Beweggründe, die zur Wahl einer der beiden genannten Migrationsansätze führt, sind unterschiedlich und werden nachstehend kurz erläutert. Eine dritte Migrationsvariante – neben Brownfield und Greenfield – ist die sogenannte *Landschaftstransformation* mit SAP S/4HANA. Hierbei handelt es sich um einen Konvertierungsansatz, bei dem mehrere unterschiedliche SAP-ERP-Systeme in ein gemeinsames SAP-S/4HANA-System überführt werden. In diesem Buch gehen wir ausschließlich auf den Brownfield- und den Greenfield-Ansatz ein.

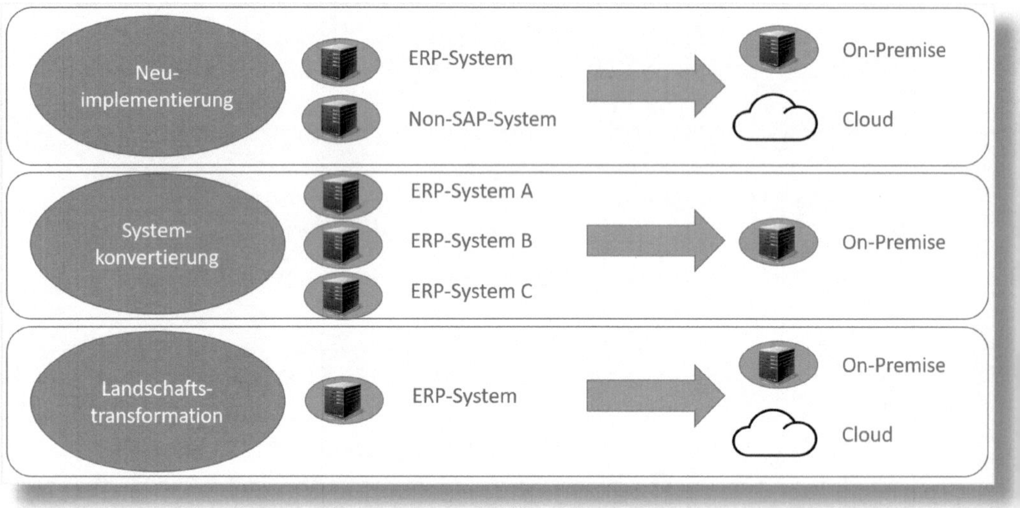

Abbildung 6.1: Migrationsansätze SAP S/4HANA

1. Greenfield-Ansatz

Eine Neueinführung auf der »grünen Wiese« gilt gleichermaßen für die Versionen SAP S/4HANA On-Premise und SAP S/4HANA Cloud. Sie kommt in zahlreichen Fällen unter nachstehenden Rahmenbedingungen in Betracht:

- Rationalisierung und Umgestaltung der Geschäftsprozesse sowie Harmonisierung der Organisationsstrukturen im Betrieb bzw. System.
- Das Unternehmen möchte seine Geschäftsprozesse an die aktuellen Anforderungen bzw. das momentane Geschäftsmodell anpassen bzw. neu ausrichten.
- Eine Rückkehr zu Standardprogrammen und eine damit verbundene Reduktion von »selbstgestrickten« Programmen und Insellösungen.
- Viele Eigenentwicklungen bzw. Abweichungen vom SAP-Standard können technisch nicht in S/4HANA übernommen werden.
- Im System existieren viele Altdaten bzw. nicht mehr benötigte Daten.

2. Brownfield-Ansatz

Eine Systemkonvertierung (engl.: Conversion) geht – im Gegensatz zum Greenfield-Ansatz – von einem bestehenden ERP-System aus. Diese Variante kann lediglich in SAP S/4HANA On-Premise, nicht aber in SAP S/4HANA Cloud angewandt werden. Folgende Szenarien sprechen für diesen Ansatz:

- Die bestehenden Geschäftsprozesse erfüllen im Wesentlichen die Anforderungen der Fachabteilungen; tiefgreifende organisatorische Änderungen sind nicht erforderlich.

- Die Verifikation von bestehenden Programmen hat ergeben, dass der vorhandene (kundeneigene) Code in SAP S/4HANA übernommen werden kann; die SAP-Systemanalyse ergab keine sogenannten *Show-Stopper* (schwerwiegende Fehler, die den Einsatz von SAP S/4HANA verhindern).
- Es sollen alle bestehenden Daten übernommen werden.

Die Migration kann grundsätzlich in fünf Phasen unterteilt werden:

1. Vorbereitung
2. Installation
3. Customizing
4. Datenmigration
5. Nachbereitung

Die Schritte innerhalb dieser Phasen können abhängig vom gewählten Migrationsansatz variieren. Nachfolgend fokussieren wir uns auf jene Sachverhalte, die für beide Methoden gelten.

6.1.1 Vorbereitung

Die Vorbereitungsphase ist mit Sicherheit die wichtigste Phase im Rahmen einer Migration nach SAP S/4HANA. Eine erfolgreiche Migration ist nur mithilfe einer genau durchdachten, detaillierten und mit allen Beteiligten abgestimmten Projektplanung möglich.

Die SAP stellt in diesem Zusammenhang einige Hilfsmittel bzw. Tools zur Verfügung, welche die Projektplanung unterstützen. Sie können unter *http://help.sap.com/s4hana* aufgerufen werden (siehe Abbildung 6.2).

Abbildung 6.2: SAP Help Portal – SAP S/4HANA

Unter PRODUKTDOKUMENTATION finden Sie einige Dokumente, die in der Projektplanung einer Migration auf jeden Fall zu berücksichtigen sind:

- FUNKTIONSUMFANG BESCHREIBUNG: Erläuterungen zu den wichtigsten Funktionen in SAP S/4HANA
- INSTALLATIONSANLEITUNG: Leitfaden für die Installation von SAP S/4HANA
- KONVERTIERUNGSANLEITUNG (Conversion Guide): Technischer Leitfaden zur Systemumstellung von SAP ERP auf SAP S/4HANA

- SIMPLIFICATION LIST (auch »Vereinfachungsliste« genannt): Hilfsmittel, welches die Unterschiede zwischen SAP ERP und SAP S/4HANA in Bezug auf Transaktionen, Tabellen, Datenstrukturen und Objekte aufzeigt (untergliedert nach Kapiteln, z. B. Asset Accounting)
- HANDBUCH ZUR BENUTZERDEFINIERTEN CODEMIGRATION: Leitfaden für die Anpassung von kundenspezifischem Programmcode im Rahmen der Migration auf SAP S/4HANA

Die SAP stellt darüber hinaus ein Planungstool, den sogenannten *Roadmap Viewer*, zur Verfügung. Hierbei handelt es sich um eine Vorlage für einen Migrationsplan, der bereits mit vielen (erforderlichen) Aktivitäten vorausgefüllt ist und der an die kundenspezifischen Gegebenheiten adaptiert werden muss. Abbildung 6.3 zeigt die Einstiegsseite in dieses Unterstützungstool, das Sie unter folgendem Link aufrufen können: *https://roadmapviewer-supportportal.dispatcher.hana.ondemand.com/.*

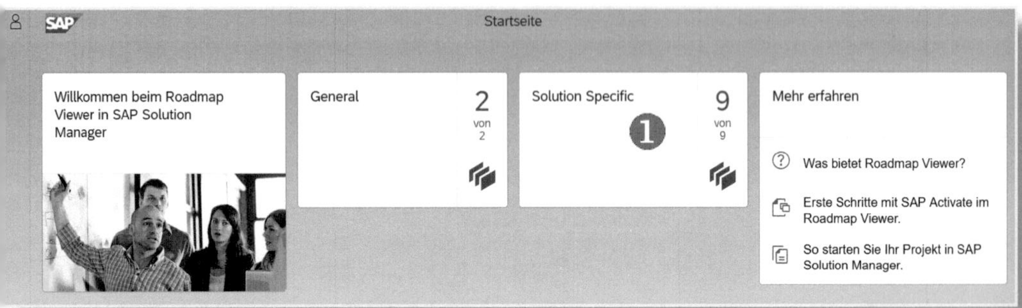

Abbildung 6.3: Roadmap Viewer – Startseite

Über die Kachel »Solution Specific« ❶ gelangen Sie auf die Seite METHODIKÜBERSICHT, wo Sie unter mehreren Vorgehensweisen – abhängig von der favorisierten Version (On-Premise oder Cloud) und dem gewünschten Themengebiet – auswählen können.

Klicken Sie auf die Roadmap TRANSITION TO SAP S/4HANA (siehe Abbildung 6.4, ❷).

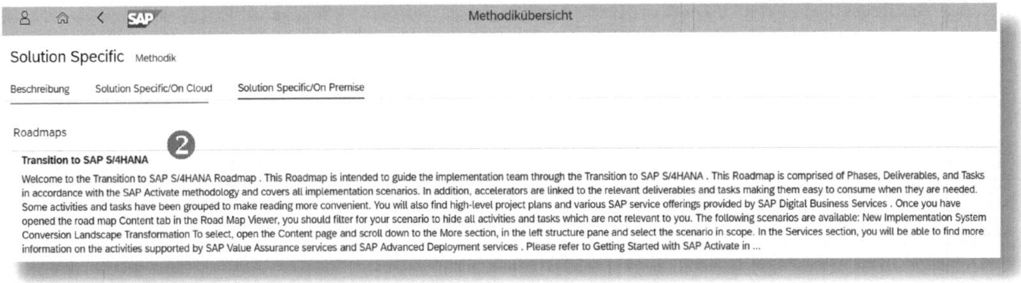

Abbildung 6.4: Roadmap Viewer – Methodikübersicht

Daraufhin erscheint eine Seite, von der Sie den Musterprojektplan herunterladen können (siehe Abbildung 6.5, ❸).

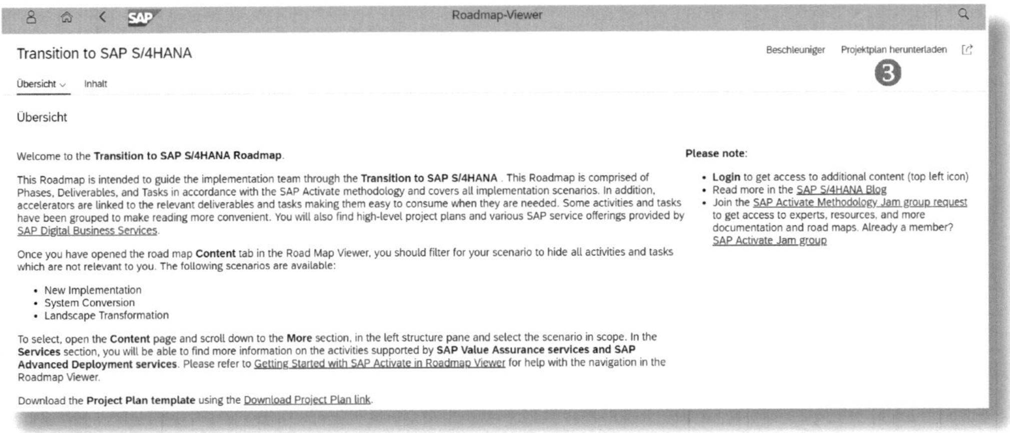

Abbildung 6.5: Roadmap Viewer – Download Projektplan

Da dieser Plan mehrere hundert Schritte umfasst, werden wir uns in weiterer Folge auf die wesentlichen Punkte hinsichtlich einer Migration der Anlagenbuchhaltung konzentrieren.

In jedem Fall sollte dieser Zeit- und Tätigkeitsplan vom Projektteam hinsichtlich der kundenspezifischen Rahmenbedingungen und Erfordernisse angepasst und mit den betroffenen Abteilungen innerhalb des Unternehmens abgestimmt werden. Die hochgradige Komplexität eines solchen Projekts erfordert natürlich entsprechende fachliche und technische Voraussetzungen. Stellen Sie – unabhängig vom gewählten Migrationsansatz – folgende Skills in Ihrem Projekt sicher:

- **Projektmanager:**
  Der Projektleiter sollte bereits umfangreiche Migrationserfahrungen in größeren SAP-Projekten gesammelt haben.
- **Technisches Basisteam:**
  Die technischen Umstellungsschritte (Erfassung der Systemanforderungen an die Hardware sowie Einsatz der Tools Maintenance Planner und Software Update Manager (SUM)) für die Durchführung folgender Aktivitäten: Systeminstallation, Datenbankmigration, Softwareupdate, technische Datenmigration. Diese Tätigkeiten erfordern vom Basisteam neues Know-how, das sich zumeist im Zuge des Projekts anzueignen ist.
- **Modulexperten:**
  Für die Bereiche Finance, Controlling und Anlagenbuchhaltung (in einigen Fällen auch Kreditmanagement) sowie Logistik sind Applikationsexperten – intern und/oder extern – hinzuzuziehen. Diese IT-Fachleute sind mit Mitarbeitern aus den jeweiligen Fachbereichen zu ergänzen.
- **Entwickler:**
  Insbesondere für die im Zuge der Migration erforderliche Anpassung der kundeneigenen Programme sowie, falls gewünscht bzw. gefordert, für die Entwicklung von SAP-Fiori-Apps sind Ressourcen mit Programmierkenntnissen (ABAP, SAPUI5) erforderlich.
- **Projektmanager für SAP Fiori:**
  Nach Abschluss der Migration ist eine Person zur Gestaltung der neuen visuellen Oberfläche (SAP Fiori) zu benennen.

Technische Voraussetzungen für eine SAP-S/4HANA-Migration

Der Wechsel auf SAP S/4HANA ist technisch ab der Version ERP 6.0 mit dem Enhancement Package (EHP) 0 ohne weitere Upgrades möglich. Das System muss allerdings bereits auf Unicode umgestellt sein – anderenfalls ist eine vorherige Unicodekonvertierung erforderlich.

Bedingung ist außerdem der Einsatz eines Single-Stack-Systems (AS ABAP only) und der SAP-NetWeaver-Version 7.52. Bei gleichzeitiger Einführung der SAP-Fiori-Umgebung sind weitere Systemvoraussetzungen zu berücksichtigen, die Sie im Conversion Guide unter *https://help.sap.com/doc/2b87656c4eee4284a5eb8976c0fe88fc/1809.000/en-US/CONV_OP1809.pdf* aufrufen können.

Umstellung auf SAP-HANA-Datenbank

Für die Migration ist es nicht notwendig, dass sich das Quellsystem bereits auf einer SAP-HANA-Datenbank befindet. Eine vorherige Umstellung auf die HANA-Datenbank ist allerdings durchaus sinnvoll und stellt im Vergleich zu den anderen erforderlichen Maßnahmen einen eher geringen Aufwand dar.

Nachdem die genannten Grundlagen geschaffen worden sind, beginnen die eigentlichen Vorbereitungsarbeiten. Hierfür stehen u. a. folgende, von der SAP bereitgestellte Werkzeuge zur Verfügung, die nachstehend kurz erläutert werden:

- SAP Readiness Check für SAP S/4HANA
- Maintenance Planner
- Simplification Item Check (SI-Check)

SAP Readiness Check für SAP S/4HANA

Bei dem *SAP Readiness Check* handelt es sich um ein benutzerfreundliches, Cloud-basiertes Tool, das allen Benutzern mit SAP-Wartungsvertrag (S-User-Account) zur Verfügung steht. Nach dem Hochladen der kundenindividuellen Systemkonfiguration wird eine automatische Prüfung der bestehenden Systemlandschaft durchgeführt. Voraussetzung hierfür ist der SAP Solution Manager (mindestens 7.1. SPS (Support Pack Stack) 12 oder 7.2 SPS 3).

Folgende Ergebnisse des SAP Readiness Checks werden in Form eines Dashboards dargestellt (siehe Abbildung 6.6).

- Funktionale Veränderungen und Vereinfachungen in SAP S/4HANA (Business Functions, Add-ons usw.)
- Sizing der HANA-Datenbank: Ermittlung der voraussichtlichen Gesamtspeicherkapazität Ihrer Daten für die HANA-Datenbank und Empfehlungen
- Prüfung auf Kompatibilität von Add-ons und kundeneigenen Entwicklungen (Custom-Code-Analyse)
- Überblick über Ihre Eigenentwicklungen
- Empfehlungen von SAP-Fiori-Apps auf Basis der von Ihnen im System am meisten genutzten Transaktionen

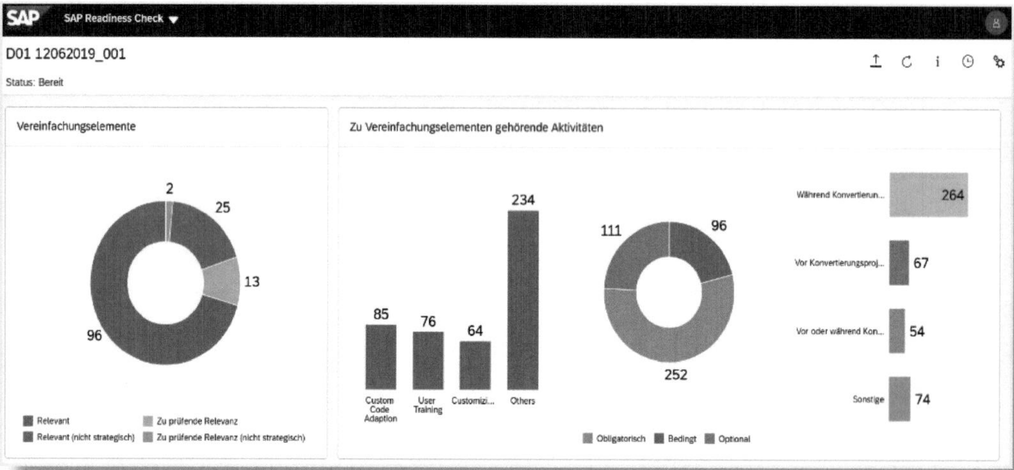

Abbildung 6.6: SAP Readiness Check – Dashboard

Maintenance Planner

Der *Maintenance Planner* oder auch »Wartungsplaner« ist eine von der SAP gehostete Lösung; sie wird für SAP-S/4HANA-Migrationen oder -Upgrades verwendet (siehe Abbildung 6.7).

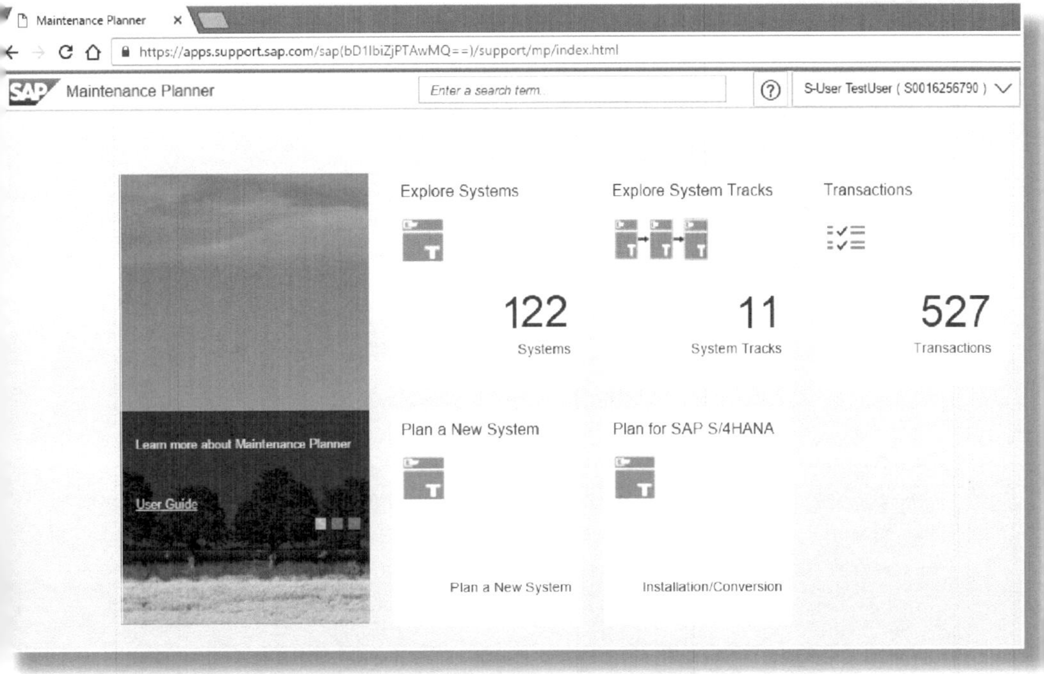

Abbildung 6.7: Maintenance Planner – Übersicht

Im Gegensatz zum SAP Readiness Check ist der Einsatz dieses Tools Pflicht. Dabei wird überprüft, ob Add-ons, Geschäftsfunktionen und Branchenlösungen, die in Ihrem System verwendet werden, die Systemmigration unterstützen oder nicht.

Simplification Item Check (SI-Check)

Der Report *Simplification Item Check* (auch »Vereinfachungselementprüfung« genannt) ist ein weiteres Tool, das den Umstellungsprozess unterstützt. Er wird im Zuge der Installationsphase automatisch vom Software Update Manager aufgerufen, kann aber auch manuell über das Programm /SDF/RC_START_CHECK ausgeführt werden. Hierbei wird sichergestellt, dass sich das System für die S/4HANA-Migration in einem konsistenten Zustand befindet (siehe Abbildung 6.8).

Abbildung 6.8: Simplification Item Check – Startseite

Als Ergebnis werden anhand des sogenannten *Simplification Item Catalog* (Vereinfachungselementkatalog) alle Änderungen aufgelistet, die bei einem Umstieg auf SAP S/4HANA auftreten und für den Kunden relevant sein können, aber nicht müssen. Dabei wird unterschieden zwischen:

- *Relevanzprüfung*: Bezogen auf den Anwendungsbereich »Anlagenbuchhaltung« könnte das Ergebnis wie in Abbildung 6.9 aussehen.

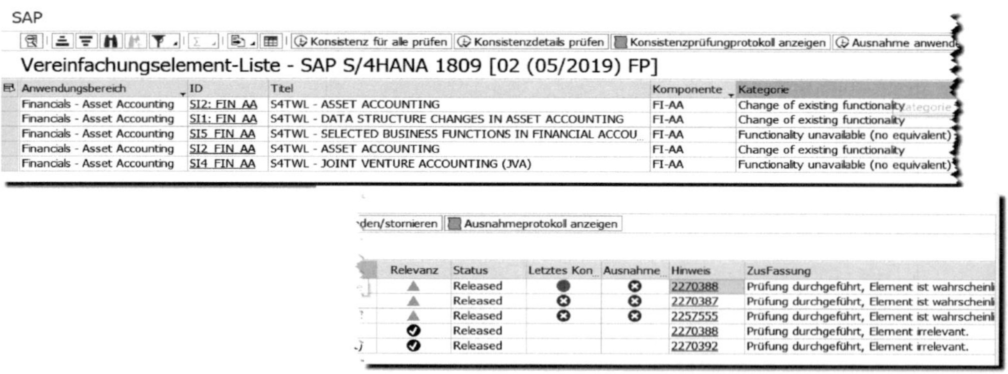

Abbildung 6.9: Simplification Item Check – Anlagenbuchhaltung

- *Konsistenzprüfung:* Sie stellt sicher, dass die Migration für die angezeigten Komponenten durchgeführt werden kann. Nach Betätigen des Buttons KONSISTENZ FÜR ALLE PRÜFEN werden je Anwendungsbereich (das Beispiel in Abbildung 6.10 ist wiederum aus der Anlagenbuchhaltung) entsprechende Warn- bzw. Fehlermeldungen ausgegeben.

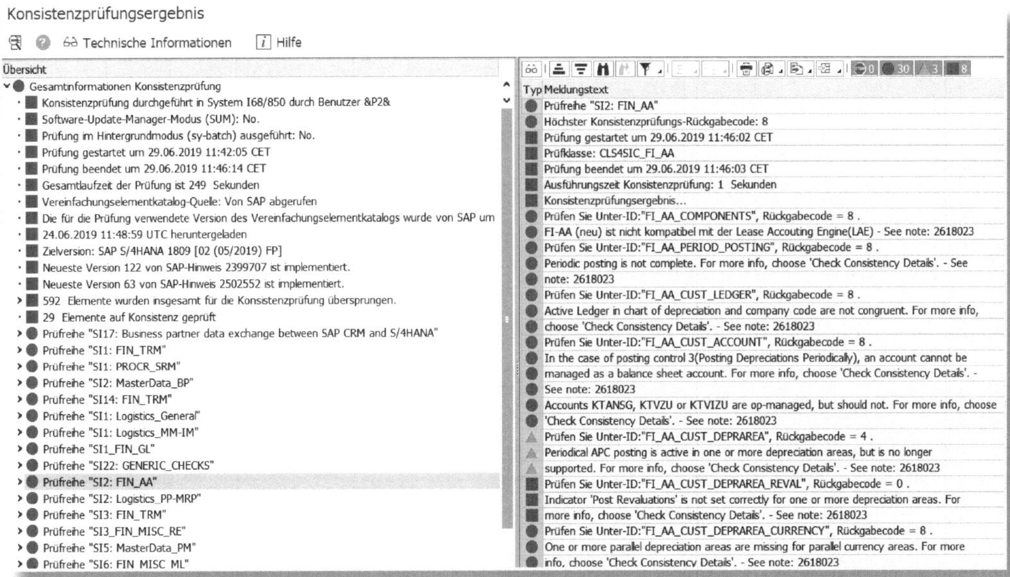

Abbildung 6.10: Simplification Item Check – Konsistenzprüfung

Die genannten SAP-Hinweise sind auf jeden Fall zu implementieren, um einen konsistenten Systemzustand für die Migration zu erreichen.

Alle in diesem Abschnitt angeführten Werkzeuge sollten grundsätzlich so früh wie möglich im Migrationsprojekt eingesetzt werden, um den Aufwand für die vor der Umstellung erforderlichen Tätigkeiten abschätzen und in der Planung entsprechend berücksichtigen zu können. Wie schon eingangs festgehalten, ist die Vorbereitungsphase der zeitaufwendigste Teil einer Migration. Planen Sie in jedem Fall eine entsprechende Anzahl von Testläufen in Ihren Systemen (Entwicklung, Test, Produktion etc.) ein.

Spezielle Vorbereitung für die Migration der Anlagenbuchhaltung

Die Migration nach S/4HANA kann grundsätzlich an jedem beliebigen Periodenende durchgeführt werden. Falls Sie die klassische Anlagenbuchhaltung mit dem klassischen oder dem neuen Hauptbuch einsetzen, sind für die Umstellung auf die neue Anlagenbuchhaltung am Perioden- bzw. Jahresende einige vorbereitende Aktivitäten erforderlich:

1. **Abschluss aller Prozesse am Perioden- bzw. Jahresende:** Alle periodischen Buchungen einschließlich Abschreibungen, Aufwertungen und der üblichen Periodenabschlussaktivitäten müssen abgeschlossen sein. Folgende Reports werden hierbei verwendet:

   - RAPOST2000: Buchen der Abschreibungen
   - RAABST01 bzw. RAABST02: Abstimmung von Hauptbuch und Anlagenbuchhaltung
   - RAPERB2000: Periodische Anlagenbuchungen

Jahresabschlussaktivitäten

Alle periodischen Anlagenbuchungen sollten am Jahresende abgeschlossen sein, da der Report RAPERB2000 nach der Migration in das neue S/4HANA-System nicht mehr zur Verfügung steht. Ebenso haben Sie in S/4HANA keinen Zugriff mehr auf die Programme RAPOST2000, RAABST01 bzw. RAABST02.

2. **Durchführung des Jahresvortrags vor der Migration:** Es ist sicherzustellen, dass alle Salden für das laufende Geschäftsjahr vorgetragen sind.

Saldovortrag

Die Transaktion AJRW (Saldovortrag in Anlagenbuchhaltung) entfällt in S/4HANA. Stattdessen ist diese Bestandteil des Saldovortrags in der Finanzbuchhaltung (Transaktion FAGLGVTR).

3. **Abschluss der vorangegangenen Geschäftsjahre:**
   Während der Anlagenmigration lässt sich nur das aktuelle Geschäftsjahr öffnen, das letzte Jahr kann nach der Migration nicht wieder geöffnet werden.

Geschäftsjahr

Alle Buchungskreise mit einem Bewertungsplan benötigen das letzte Jahr als abgeschlossenes Geschäftsjahr.

4. **Erfolgreicher Simplification Item Check**, sofern dieser vorab manuell ausgeführt wird.
5. **Aktivierung der neuen Abschreibungsberechnung** erfolgt im Rahmen der Aktivierung der Businessfunktion EA-FIN.
6. **Ausführen aller eingeplanten periodischen Jobs** und keine neuen Jobs einplanen.
7. **Berechnung der Planwerte für Abschreibungen:**
   Es wird empfohlen, nach Fertigstellung aller Jahresabschlussbuchungen die Transaktion *AFAR – Abschreibungen neu rechnen* auszuführen, um sicherzustellen, dass alle Anlagenwerte aktuell gerechnet sind.
8. **User-Sperre:** Die Benutzer sind zu sperren, um weitere Buchungen in die Anlagenbuchhaltung zu vermeiden.
9. **Validierung der Migration:**
   Die entsprechenden Anlagenberichte sind vor und nach der Migration aufzurufen bzw. für einen Datenvergleich heranzuziehen (z. B. Anlagengitter – Programm RAGITT_ALV01, Abschreibungen – Programm RAHAFA_ALV01).
10. **Systemfreigabe** für die Installation des S/4HANA-Systems.

6.1.2 Installation

In der Regel installiert die Basisabteilung in Ihrem Unternehmen SAP S/4HANA mit Unterstützung des Tools »Software Update Manager« während der Downtime (Ausfall- oder Stillstandszeit des Systems).

Sie können mittels dieses Werkzeugs optional auch die Datenbankmigration vornehmen, sofern Ihr Quellsystem noch nicht auf einer SAP-HANA-Datenbank läuft.

Im Zuge der Softwareinstallation werden die Systemsicherungen für die Summen- und Indextabellen durchgeführt und die neuen SAP-HANA-View-Tabellen sowie die aktuellen Datenstrukturen in S/4HANA – u. a. die Tabelle ACDOCA (Universal Journal) – erstellt. Die HANA Views ermöglichen Ihnen, dass Sie weiterhin Berichte früherer Jahre aufrufen können. Eine Übersicht aller neuen Tabellen in S/4HANA finden Sie im Anhang.

Voraussetzung für Buchungen im HANA-System

Nach Abschluss der SAP-S/4HANA-Installation ist es nicht mehr möglich, in der Anlagenbuchhaltung zu buchen. Daher sind vor der Installation alle erforderlichen Periodenabschlussaktivitäten durchzuführen. Erst nach vollständigem und erfolgreichem Vollzug der Migration können Sie wieder Buchungen im System vornehmen.

Online-Hilfe zum HANA-Installationsprozess

Detaillierte Informationen zum Installationsprozess finden Sie im Installation Guide der Online-Hilfe von SAP S/4HANA (*http://help.sap.com/s4hana*) sowie auf der Produktseite des Software Update Managers (*https://support.sap.com/en/tools/software-logistics-tools/software-update-manager.html*).

6.1.3 Customizing

Nach erfolgreicher Installation bzw. gelungenem Upgrade der S/4HANA-Software wird Ihnen die neue IMG(Implementation Guide)-Struktur im Customizing angezeigt (siehe Abbildung 6.11).

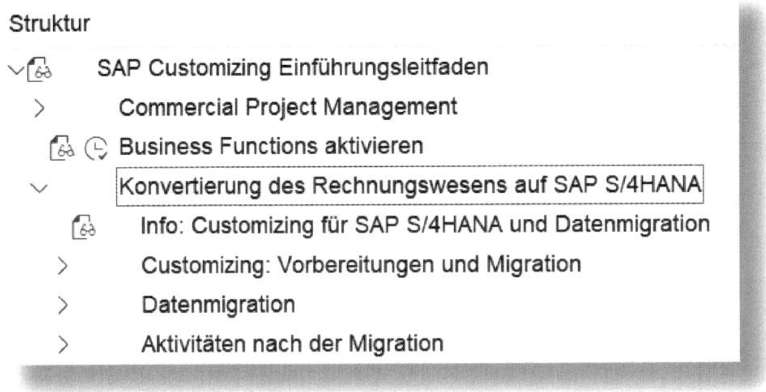

Abbildung 6.11: SAP IMG – Konvertierung des Rechnungswesens

Nähere Ausführungen zu den Customizing-Aktivitäten würden den Rahmen dieses Buches sprengen. Wir beschränken uns daher auf eine generelle Übersicht.

Gemäß dem Customizing-Leitfaden ist die Konvertierung des Rechnungswesens in folgende Bereiche unterteilt:

- CUSTOMIZING: VORBEREITUNGEN UND MIGRATION: In diesem Abschnitt werden alle für die SAP-S/4HANA-Migration erforderlichen Prüfungen und Anpassungen vorgenommen, die Schritt für Schritt in der vorgegebenen Reihenfolge abzuarbeiten sind.
- DATENMIGRATION: Die eigentliche Migration wird anhand des von SAP zur Verfügung gestellten Migrationscockpits (engl.: Migration Cockpit) durchgeführt.
- AKTIVITÄTEN NACH DER MIGRATION: Dieser Bereich umfasst sämtliche Tätigkeiten nach der Migration, die meist außerhalb der Ausfallzeit abgewickelt werden.

Es sind zunächst alle Customizing-Einstellungen für die Bereiche Hauptbuch, Anlagenbuchhaltung, Controlling und Material-Ledger vorzunehmen sowie – in einem separaten anschließenden Schritt – die dazugehörigen Daten in die neue Datenstruktur zu überführen. Diese Tätigkeiten sind für den jeweiligen Bereich vollständig und in der vorgegebenen Reihenfolge vorzunehmen.

Abhängigkeiten von Customizing-Einstellungen

Beachten Sie bitte, dass bestimmte Customizing-Einstellungen erst in Abhängigkeit von anderen Modulen vorgenommen werden können. So müssen für die Vorbereitungsaktivitäten zum Customizing der Anlagenbuchhaltung zuerst die vorbereitenden Tätigkeiten für das Hauptbuch vollständig abgeschlossen sein.

Sobald die Vorbereitungsaktivitäten für das Hauptbuch (Migration des Ledger-Customizings, Prüfung von Geschäftsjahresvarianten, Belegarten und Nummernkreisen, Festlegen des Quell-Ledgers für die Migration der Salden etc.) erfolgreich erledigt sind, ist die neue Anlagenbuchhaltung einzurichten, die während der Migration automatisch aktiviert wird.

Den Customizing-Baum für die Anlagenbuchhaltung sehen Sie in Abbildung 6.12.

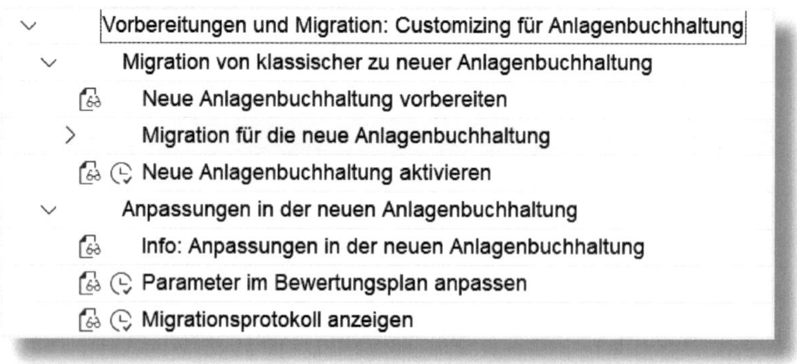

Abbildung 6.12: Customizing Anlagenbuchhaltung – Vorbereitungen

In SAP S/4HANA kommt ausschließlich die sogenannte *Neue Anlagenbuchhaltung* zum Einsatz, die klassische Version steht nicht mehr zur Verfügung. Demzufolge existieren für die Migration zwei Ausgangsszenarien, zu denen jeweils unterschiedliche Migrationsleitfäden für die Anlagenbuchhaltung einzuhalten sind:

1. Sie migrieren von der klassischen Anlagenbuchhaltung – Migrationsleitfaden: MIGRATION VON KLASSISCHER ZU NEUER ANLAGENBUCHHALTUNG.
2. Sie haben die Business Function FI-AA, Parallele Bewertung (FIN_AA_PARALLEL_VAL) für SAP ERP 6.0 Enhancement Package EHP7 bereits aktiviert – Migrationsleitfaden: ANPASSUNGEN IN DER NEUEN ANLAGENBUCHHALTUNG.

Da die Migrationsleitfäden für beide Szenarien größtenteils identisch sind, möchten wir nachstehend auf das erste Szenario (Migration von klassischer zu neuer Anlagenbuchhaltung) eingehen, welches im Vergleich zum zweiten Szenario zusätzliche Schritte (wie z. B. die Aktivierung der neuen Anlagenbuchhaltung) beinhaltet.

Bei Einsatz der klassischen Anlagenbuchhaltung sind zunächst die Einstellungen im System zu überprüfen und ggf. zu ergänzen; dies betrifft insbesondere folgende Aspekte:

- Prüfen Sie zunächst, welche Bewertungspläne aktiv bzw. migrationsrelevant sind.
- Die im System hinterlegten Rechnungslegungsvorschriften für führende und parallele Bewertungen sind zu prüfen bzw., falls erforderlich, neu anzulegen.
- Es ist außerdem zu kontrollieren, ob alle erforderlichen Ledger sowie Ledgergruppen im System hinterlegt sind und ob die Zuordnung der Rechnungslegungsvorschriften zu den Ledgergruppen korrekt eingestellt ist.
- Für jede Kombination aus Buchungskreis und Ledger sollte die Rechnungslegungsvorschrift korrekt zugeordnet sein.

- Bewertungsbereiche für Deltas werden in der neuen Anlagenbuchhaltung nicht mehr benötigt; dies war in früheren Versionen aus technischen Gründen noch erforderlich, die bei SAP S/4HANA nicht mehr gelten. Daher wird das Löschen von Delta-Bereichen empfohlen.

Nach Abschluss der Konfigurationseinstellungen können Sie die Bewertungspläne für die neue Anlagenbuchhaltung migrieren (siehe Abbildung 6.13).

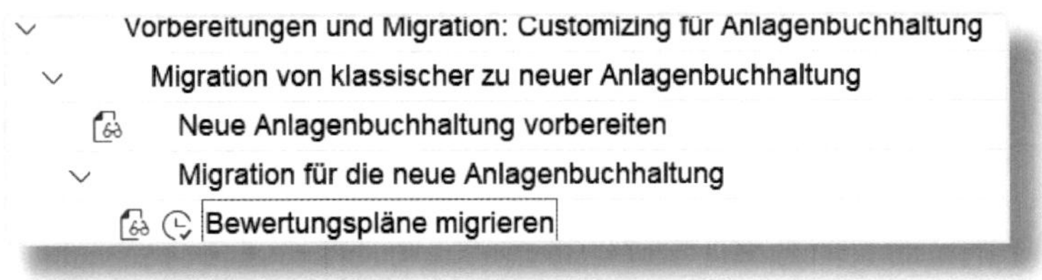

Abbildung 6.13: SAP IMG – Bewertungspläne migrieren

Migration – Bewertungsplan

Sollte ein Bewertungsplan im Rahmen der Migration nicht automatisch umgesetzt werden können, müssen Sie die Anpassungen manuell vornehmen.

Sobald die Bewertungspläne erfolgreich migriert wurden, nehmen Sie manuell weitere Customizing-Einstellungen vor.

Beispielsweise sind einige Änderungen an den Stammsätzen der Hauptbuchkonten nötig. So sind bei Verwendung der Kontenlösung die Bestandsbilanzkonten mit paralleler Bewertung als Abstimmkonten zu definieren. Darüber hinaus müssen Sie ein technisches Verrechnungskonto für den integrierten Anlagenzugang (d.h. Erfassung der Kreditorenrechnung und Anlagenzugang in einem Schritt) hinterlegen. Dieses Konto wird verwendet, damit alle Bewertungsbereiche in Echtzeit auf die jeweiligen Konten und Ledger buchen können.

Bewegungsarten, die bisher auf Bewertungsbereiche eingeschränkt waren, können künftig nicht mehr verwendet werden. Diese sind ggf. zu deaktivieren, stattdessen sollten Sie neue Bewegungsarten ohne Einschränkungen auf Bewertungsbereiche anlegen.

Der nächste Schritt beinhaltet eine technische Prüfung, anhand derer Sie ermitteln, ob die Voraussetzungen für die Aktivierung der neuen Anlagenbuchhaltung gegeben sind. Erst wenn ein fehlerfreies Migrationsprotokoll vorliegt, können Sie die neue Anlagenbuchhaltung aktivieren (siehe Abbildung 6.14).

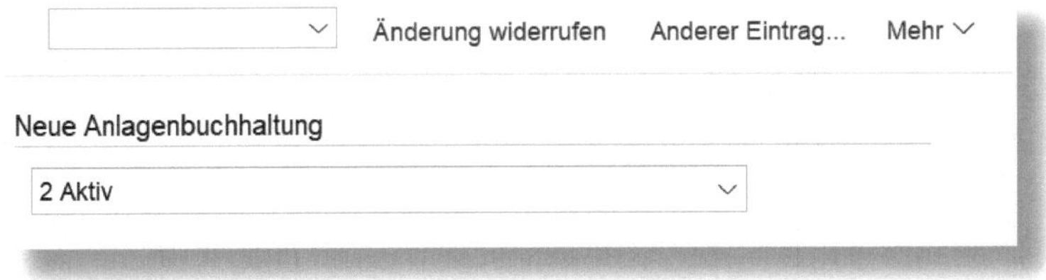

Abbildung 6.14: SAP IMG – neue Anlagenbuchhaltung aktivieren

6.1.4 Datenmigration

Nach Abschluss der Customizing-Aktivitäten sowie der Aktivierung der neuen Anlagenbuchhaltung findet die eigentliche Migration der Rechnungswesenbelege statt.

Für deren Übertragung steht Ihnen das *Migrationscockpit* zur Verfügung, das Sie Schritt für Schritt durch die einzelnen, erforderlichen Aktivitäten führt (siehe Abbildung 6.15). An dieser Stelle ist anzuführen, dass sich die in diesem Abschnitt beschriebenen Aktivitäten auf die Datenmigration im Zuge einer Systemkonvertierung (Brownfield-Ansatz) beziehen. In Abschnitt 6.2 gehen wir auf die Altdatenmigration bei einer Neueinführung des Systems (Greenfield-Ansatz) ein. Der Begriff »Migrationscockpit« wird auch dort verwendet, Vorgehensweise und Benutzeroberfläche weichen allerdings vom Brownfield-Ansatz ab.

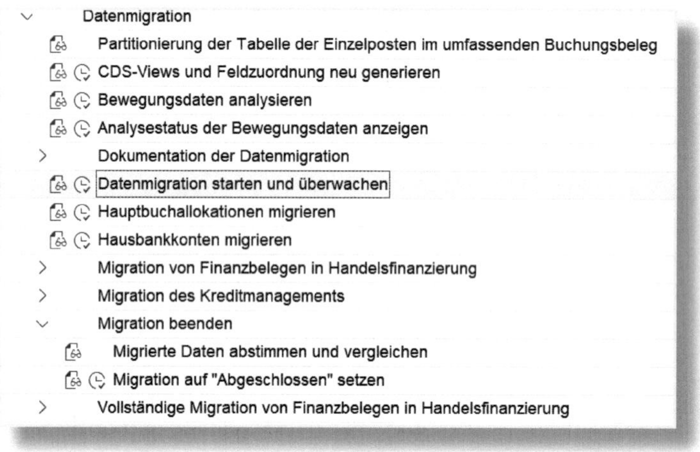

Abbildung 6.15: SAP IMG – Schritte für Datenmigration

Bei der Migration nach SAP S/4HANA Finance wird die Tabelle ACDOCA (Universal Journal – Einzelpostentabelle) aus den Bereichen Hauptbuch, Controlling, Material-Ledger und Anlagenbuchhaltung befüllt; sie wird somit zu einer der größten Tabellen in SAP S/4HANA. Die SAP empfiehlt, diese Tabelle bei mehr als 500 Millionen Datensätzen zu partitionieren.

Mit SAP S/4HANA wird das Datenbankmodell wesentlich modifiziert. Dadurch entfallen einige Tabellen, andere werden geändert oder zusammengefasst. Ein wesentlicher Aspekt im Rahmen der Migration ist das Generieren sogenannter *Kompatibilitätssichten* (auch CDS [Core Data Services] Views). Dadurch ist es möglich, auf die alten Tabellen bzw. die benutzerdefinierten Berichte lesend zuzugreifen und eine Abstimmung der Daten nach der Migration vorzunehmen.

Das Migrationscockpit, welches über den Customizing-Punkt DATENMIGRATION STARTEN UND ÜBERWACHEN (Transaktion *FINS_MIG_STATUS*) aufgerufen wird, migriert die Bewegungsdaten der Hauptbuchhaltung, des Controllings und des Material-Ledgers sowie der Anlagenbuchhaltung in die ACDOCA-Tabelle. Die Anzahl der Belege, die in diese Tabelle migriert wurden, wird nach Abschluss der Migration dokumentiert (siehe Abbildung 6.16).

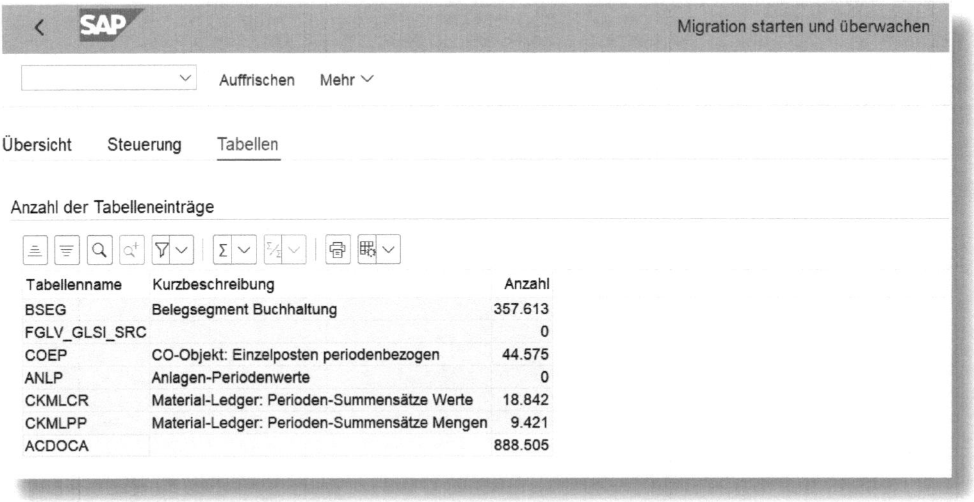

Abbildung 6.16: SAP IMG – Migration starten und überwachen

Sobald alle Bewegungsdaten übertragen sind, ist die Berechnung der ursprünglich geplanten Abschreibungswerte initial durchzuführen, da sie nun in Echtzeit und nicht mehr periodisch erfolgt (*Programm FAA_DEPRECIATION_CALCULATE*, siehe Abbildung 6.17).

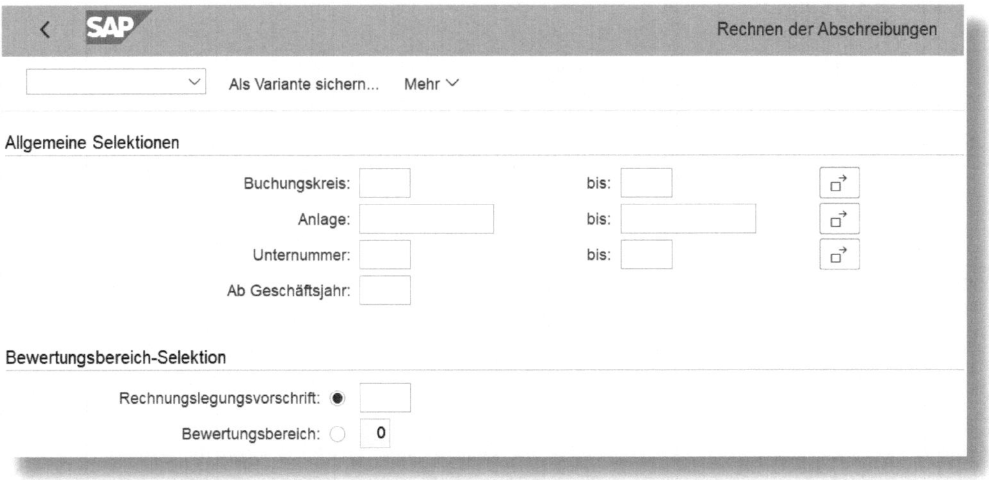

Abbildung 6.17: Programm FAA_DEPRECIATION_CALCULATE

Im Rahmen der FI/CO-Migration werden auch Sachkonten sowie primäre und sekundäre Kostenarten im Sachkontenstammsatz zusammengeführt.

Sie können das System für die Benutzer erst wieder zum Buchen freigeben, nachdem Sie die Migration abgeschlossen haben (siehe Abbildung 6.18).

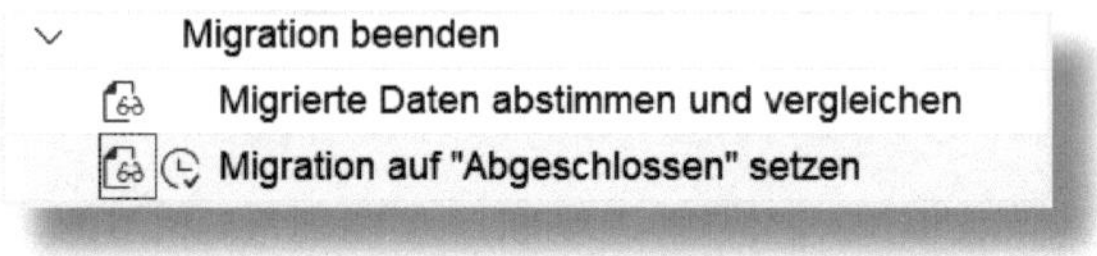

Abbildung 6.18: SAP IMG – Migration beenden

Dabei werden Customizing-Konsistenz- und Plausibilitätsprüfungen hinsichtlich der Anzahl der migrierten Belege in der Tabelle ACDOCA vorgenommen.

Datenabstimmung

Bevor Sie die Migration auf »Abgeschlossen« setzen, sollten Sie auf jeden Fall die migrierten Daten abstimmen, indem Sie die Werte aus Ihren Listen vor dem technischen Upgrade auf S/4HANA mit denen vergleichen, die Sie nach der Migration vorfinden. Für die Abstimmung in der Anlagenbuchhaltung können das Anlagengitter (Report RAGITT_ALV01) sowie der Abschreibungslauf für geplante Abschreibungen (Report RAHAFA_ALV01) herangezogen werden.

6.1.5 Nachbereitung

Nach Abschluss der Datenmigration sollten Sie die Customizing-Einstellungen und Systemdaten zunächst sichern. Zusätzlich kann es erforderlich sein, Ihren Belegen weitere Informationen hinzuzufügen. Die relevanten Reports sowie Ihre Bilanz sollten – in enger Abstimmung mit den Fachabteilungen – getestet werden, um sicherzustellen, dass die Finanzdaten korrekt sind. Diese Tätigkeiten werden im Normalfall noch innerhalb der Downtime vorgenommen. Erst danach wird das System für die User zum Buchen freigegeben.

6.2 Datenmigration nach SAP S/4HANA (Greenfield-Ansatz)

Bei einer Neuimplementierung der S/4HANA-Lösung (Greenfield-Ansatz, siehe auch Abschnitt 6.1) können Sie Ihre Stamm- und Geschäftsdaten von SAP- oder Nicht-SAP-Systemen nach S/4HANA – wie beim Brownfield-Ansatz – auch mithilfe des *S/4HANA Migrationscockpits* überführen. Die Methodik zur Datenmigration ist allerdings eine andere, da Sie dabei externe Daten von Ihrem Altsystem (SAP ERP) exportieren und in das S/4HANA-System importieren.

Sie können über die Transaktion *LTMC* (Legacy Transfer Migrationscockpit) oder die SAP-Fiori-App »Lösung verwalten« auf das Migrationscockpit zugreifen.

Die Nutzung der *Legacy System Migration Workbench* (LSMW) ist weiterhin möglich; ihr Einsatz wird aber seitens der SAP nicht empfohlen, da für dieses Tool keine technische Unterstützung mehr erfolgt und daher nicht sichergestellt werden kann, dass die richtigen Datenschnittstellen vorgeschlagen werden.

Abbildung 6.19 zeigt (vereinfacht) den Prozess einer Migration über das Migrationscockpit.

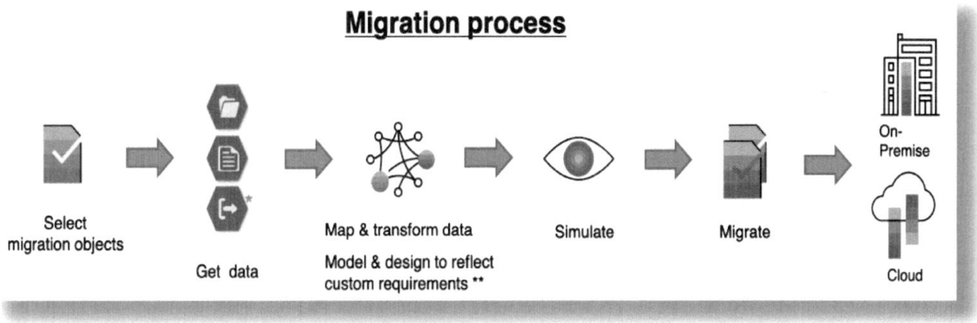

Abbildung 6.19: SAP S/4HANA Migrationscockpit – Migrationsprozess

In einem ersten Schritt gilt es, die gewünschten Migrationsobjekte auszuwählen (z. B. Anlage, Kostenstelle, Profit Center, Kunde, Bank). Für jedes Migrationsobjekt werden eigene Microsoft-Excel-Vorlagen zum Import der Altdaten bereitgestellt, die mit den Daten aus Ihrem SAP-ERP- oder Nicht-SAP-System befüllt werden. Das automatische Mapping in Quell- und Zielstrukturen erfolgt über die Vorlage. Die Datenvalidierung, Simulation und das Laden in das Zielsystem (S/4HANA On-Premise bzw. Cloud) passieren automatisch mittels der im System zur Verfügung gestellten Migrationsprogramme.

Migrationsobjekt »Anlage«

zB

Nachstehend wird anhand des Migrationsobjekts »Anlage« der Prozess der Datenübernahme dargestellt.

Nach Aufruf der Transaktion *LTMC* erhalten Sie eine Übersicht über alle derzeit verfügbaren Migrationsprojekte.

Der erste Schritt besteht darin, ein Migrationsprojekt im Migrationscockpit zu erstellen oder zu öffnen. Wir legen ein Migrationsprojekt mit der Bezeichnung *Migration Anlagenbuchhaltung* an (siehe Abbildung 6.20).

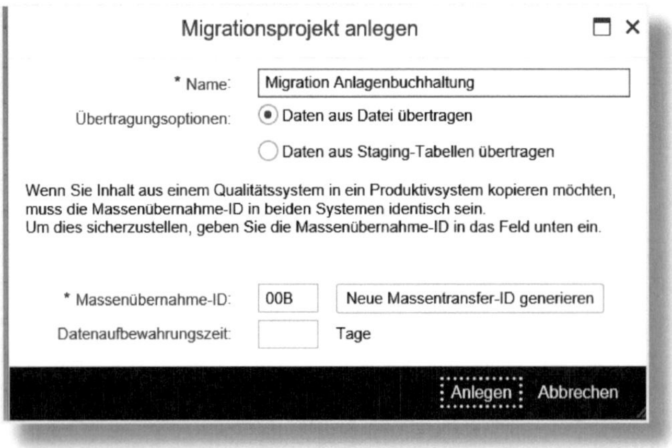

Abbildung 6.20: Migrationsprojekt anlegen

Im Feld ÜBERTRAGUNGSOPTIONEN legen Sie fest, ob die DATEN AUS DATEIEN (Hochladen von MS-Excel-Dateien) oder aus sogenannten STAGING-TABELLEN ÜBERTRAGEN werden sollen. Bei letztgenannter Methode handelt es sich um Datenbanktabellen, in die Daten aus dem Quellsystem geladen und von dort mit dem Migrationscockpit importiert werden. Sie kommt insbesondere bei großen Datenmengen zum Einsatz, bei denen die Performance eine wichtige Rolle spielt. In diesem Beispiel importieren wir die Daten mittels Excel-Vorlagen.

Nach Drücken des Buttons ANLEGEN gelangen Sie in das Migrationsprojekt, das in der Registerkarte MIGRATIONSOBJEKTE standardmäßig alle von SAP unterstützten Migrationsobjekte anzeigt, die nun von Ihnen bearbeitet werden können (siehe Abbildung 6.21).

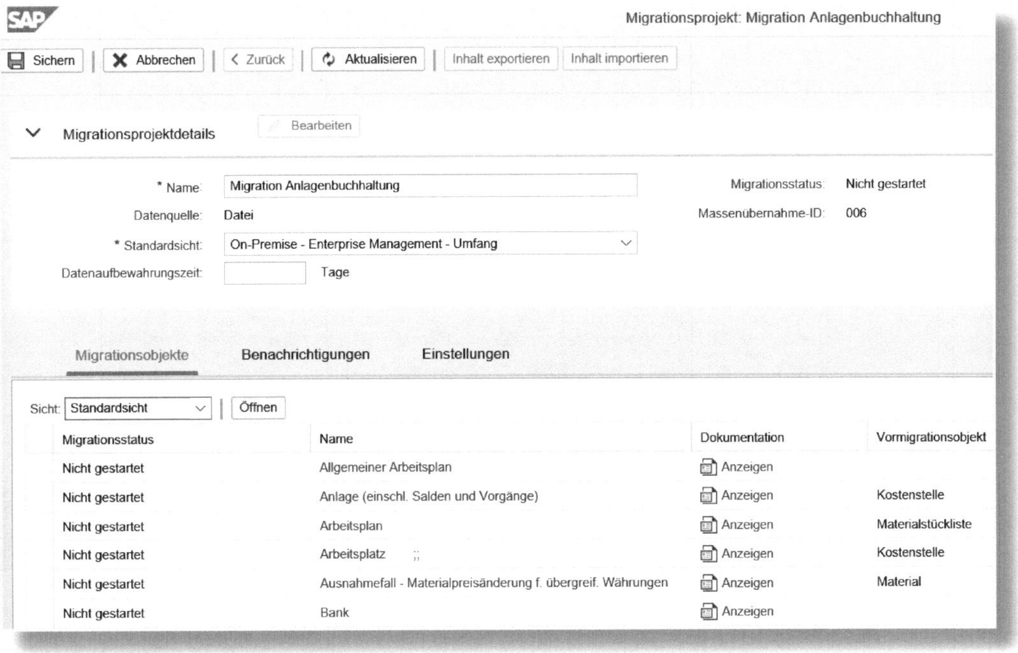

Abbildung 6.21: Migrationsprojekt für Anlagenübernahme

Ein Migrationsobjekt enthält die folgenden Informationen:

- Migrationsstatus:
  Das Migrationsobjekt kann sich im Status »Nicht gestartet«, »in Bearbeitung« oder »Beendet« befinden.
- Name:
  Bezeichnung für das Migrationsobjekt
- Dokumentation:
  Es werden alle Informationen zum Migrationsobjekt wie Struktur, Felder usw. bereitgestellt.
- Vormigrationsobjekt:
  Diese Spalte gibt Auskunft darüber, welche Migrationsobjekte zuerst geladen bzw. im System vorhanden sein müssen. So müssen z. B. vor dem Upload der Anlagendaten erst die Kostenstellenstammsätze geladen werden, sofern sie nicht bereits im System vorliegen.

In der Spalte Dokumentation können Sie mit Klick auf Anzeigen zu jedem Migrationsobjekt eine Kurzbeschreibung öffnen. In der Zeile zum Objekt *Anlage (einschl. Salden und Vorgänge)* rufen Sie beispielsweise Informationen zur Anlagenübernahme auf. Die Dokumentation gibt Auskunft über:

- unterstützte Funktionen bzw. Strukturen (Stammdaten, Bestand, gebuchte und kumulierte Werte usw.)
- Einschränkungen bei der Datenübernahme (externe Nummernvergabe, Übernahme von Anlagensubnummern etc.)
- Voraussetzungen (Übernahme Kostenstellenstammsätze, Saldovortrag, Abschluss vergangenes Geschäftsjahr, Datenextraktion aus Quellsystem)
- erforderliche Customizing-Einstellungen (Bewertungsbereich, Gegenkonto für Altdatenübernahme, Altdatenübernahmedatum)
- die Vorgehensweise beim Test der Datenübernahme
- die Vorgehensweise bei der Übernahme von Anlagendaten in das Produktivsystem

- Aktivitäten im Zuge der Nachbearbeitung (Datenabgleich, nachträgliche Änderung der Übernahmewerte)
- relevante SAP-Hinweise

Nach Klicken auf den Namen *Anlage (einschl. Salden und Vorgänge)* erscheint eine Meldung, die Sie darauf hinweist, dass dieses Migrationsobjekt in das bereits angelegte Migrationsprojekt übernommen wird (siehe Abbildung 6.22). Bestätigen Sie die Meldung mit OK.

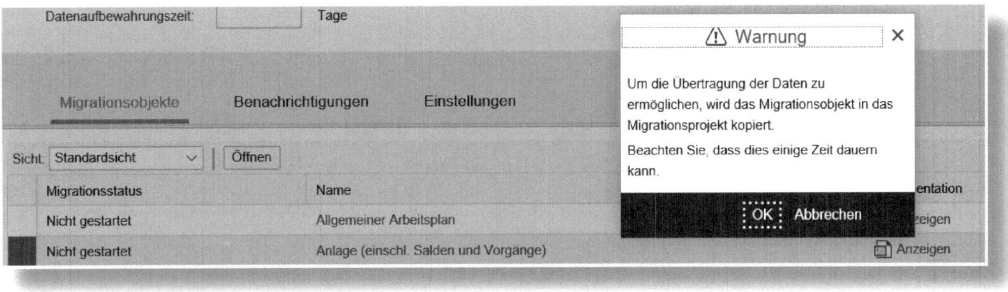

Abbildung 6.22: Meldung bei der Übernahme eines Migrationsobjekts

Nach abgeschlossener Übernahme befinden Sie sich im Migrationsobjekt »Anlage«, von wo aus Sie über den Button Vorlage herunterladen das Template für die Datenübernahme downloaden können (siehe Abbildung 6.23). Diese Vorlage wird als XML-Datei lokal gespeichert und kann anschließend mit MS Excel geöffnet werden.

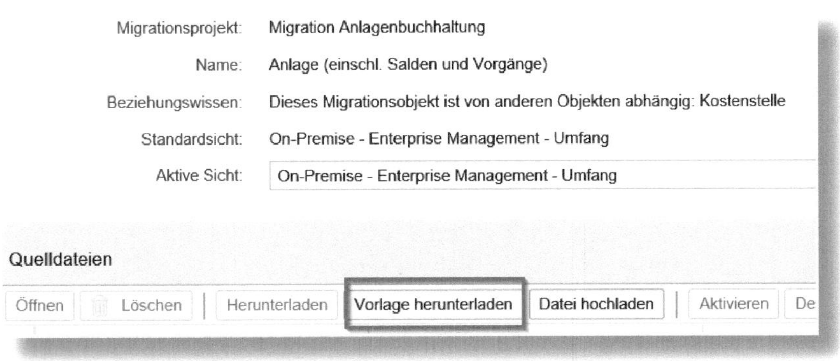

Abbildung 6.23: Migrationsvorlage herunterladen

Die XML-Datei umfasst mehrere Tabellenblätter zur Ablage der Altdaten für die Migration.

Auf dem ersten Tabellenblatt EINFÜHRUNG finden Sie allgemeine Informationen über die Arbeitsweise mit XML-Dateien. Beachten Sie an dieser Stelle, dass standardmäßig die maximale Dateigröße für jede hochgeladene Datei 100 MB beträgt, es kann daher ggf. erforderlich sein, den Uploadvorgang auf mehrere Dateien aufzuteilen (siehe Abbildung 6.24).

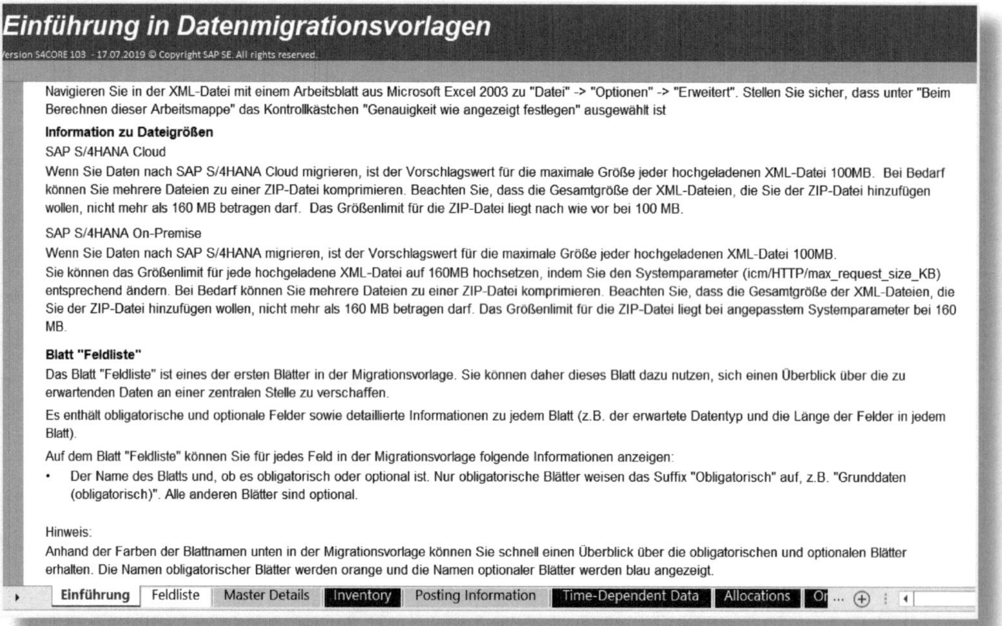
Einführung in Datenmigrationsvorlagen

ersion S4CORE 103 - 17.07.2019 © Copyright SAP SE. All rights reserved.

Navigieren Sie in der XML-Datei mit einem Arbeitsblatt aus Microsoft Excel 2003 zu "Datei" -> "Optionen" -> "Erweitert". Stellen Sie sicher, dass unter "Beim Berechnen dieser Arbeitsmappe" das Kontrollkästchen "Genauigkeit wie angezeigt festlegen" ausgewählt ist

Information zu Dateigrößen

SAP S/4HANA Cloud

Wenn Sie Daten nach SAP S/4HANA Cloud migrieren, ist der Vorschlagswert für die maximale Größe jeder hochgeladenen XML-Datei 100MB. Bei Bedarf können Sie mehrere Dateien zu einer ZIP-Datei komprimieren. Beachten Sie, dass die Gesamtgröße der XML-Dateien, die Sie der ZIP-Datei hinzufügen wollen, nicht mehr als 160 MB betragen darf. Das Größenlimit für die ZIP-Datei liegt nach wie vor bei 100 MB.

SAP S/4HANA On-Premise

Wenn Sie Daten nach SAP S/4HANA migrieren, ist der Vorschlagswert für die maximale Größe jeder hochgeladenen XML-Datei 100MB.
Sie können das Größenlimit für jede hochgeladene XML-Datei auf 160MB hochsetzen, indem Sie den Systemparameter (icm/HTTP/max_request_size_KB) entsprechend ändern. Bei Bedarf können Sie mehrere Dateien zu einer ZIP-Datei komprimieren. Beachten Sie, dass die Gesamtgröße der XML-Dateien, die Sie der ZIP-Datei hinzufügen wollen, nicht mehr als 160 MB betragen darf. Das Größenlimit für die ZIP-Datei liegt bei angepasstem Systemparameter bei 160 MB.

Blatt "Feldliste"

Das Blatt "Feldliste" ist eines der ersten Blätter in der Migrationsvorlage. Sie können daher dieses Blatt dazu nutzen, sich einen Überblick über die zu erwartenden Daten an einer zentralen Stelle zu verschaffen.

Es enthält obligatorische und optionale Felder sowie detaillierte Informationen zu jedem Blatt (z.B. der erwartete Datentyp und die Länge der Felder in jedem Blatt).

Auf dem Blatt "Feldliste" können Sie für jedes Feld in der Migrationsvorlage folgende Informationen anzeigen:

- Der Name des Blatts und, ob es obligatorisch oder optional ist. Nur obligatorische Blätter weisen das Suffix "Obligatorisch" auf, z.B. "Grunddaten (obligatorisch)". Alle anderen Blätter sind optional.

Hinweis:

Anhand der Farben der Blattnamen unten in der Migrationsvorlage können Sie schnell einen Überblick über die obligatorischen und optionalen Blätter erhalten. Die Namen obligatorischer Blätter werden orange und die Namen optionaler Blätter werden blau angezeigt.

Einführung | Feldliste | Master Details | Inventory | Posting Information | Time-Dependent Data | Allocations | Or ...

Abbildung 6.24: Einführung in die Datenmigrationsvorlage

Das zweite Blatt ist eine FELDLISTE, die Informationen zu obligatorischen sowie optionalen Feldern (angezeigt in der Spalte WICHTIGKEIT), zur Feldlänge u. Ä. enthält (siehe Abbildung 6.25).

Hier sehen wir, dass die Namen von zwei Tabellenblättern (Master Details, Posting Information) gelb hinterlegt sind. Dies bedeutet, dass es sich um obligatorische Blätter handelt, auf denen Daten bereitgestellt werden müssen. Die anderen Blätter sind optional zu befüllen.

Feldliste für Migrationsobjekt: Anlage (einschl. Salden und Vorgänge)

Version S4CORE 103 - 17.07.2019 © Copyright SAP SE. All rights reserved.

Blattname	Gruppenname	Feldbeschreibung	Wichtigkeit	Typ	Länge	Dezimalstell
Master Details (obligatorisch)						
		Buchungskreis	obligatorisch für Blatt	Text	80	
	Key	External/Legacy Asset Number	obligatorisch für Blatt	Text	12	
	Master Details	Asset Class	obligatorisch für Blatt	Text	80	
		Asset Description	obligatorisch für Blatt	Text	50	
		Asset Description 2		Text	50	
		Serial Number		Text	18	
		Inventory Number		Text	25	
		Quantity		Zahl	13	3
		Base Unit of Measure		Text	80	
		Asset is managed historically		Text	1	
		Asset Main Number Text		Text	50	
Inventory						
	Key	Company Code	obligatorisch für Blatt	Text	80	
		Main Asset Number	obligatorisch für Blatt	Text	12	
	Inventory	Last Inventory Date		Datum		
		Supplementary Inventory		Text	15	
		Inventory Indicator		Text	1	
Posting Information (obligatorisch)						
	Key	Company Code	obligatorisch für Blatt	Text	80	
		External/Legacy Asset Number	obligatorisch für Blatt	Text	12	
	Posting	Asset Capitalization Date	obligatorisch für Blatt	Datum		

Abbildung 6.25: Feldliste für das Migrationsobjekt »Anlage«

Die fertig ausgefüllte Vorlage (XML-Datei) kann anschließend in das Migrationscockpit hochgeladen werden (siehe Abbildung 6.26). Dies ist auch für mehrere Dateien gleichzeitig möglich.

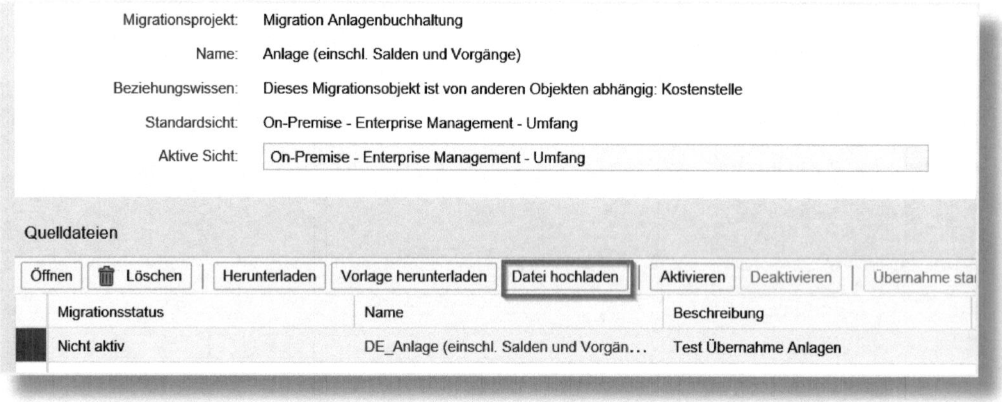

Abbildung 6.26: Migrationsobjekt »Anlage« – Daten hochladen

Prüfen und Bereinigen vom Altdatenbestand

Bevor Sie Ihre Daten hochladen, sollten Sie Ihren Anlagenbestand überprüfen und bereinigen. Entfernen Sie alle nicht mehr benötigten Anlagen mit den üblichen Abgangsverfahren im Altsystem. Prüfen Sie außerdem, ob die Beschreibungen auf dem aktuellen Stand sind und für alle Anlagen die richtigen Abschreibungsmethoden und Nutzungsdauern hinterlegt sind.

Sobald eine Datei in das Migrationscockpit hochgeladen wurde, können Sie sich die darin enthaltenen Daten anzeigen lassen, indem Sie auf den Namen der Datei klicken (siehe Abbildung 6.27).

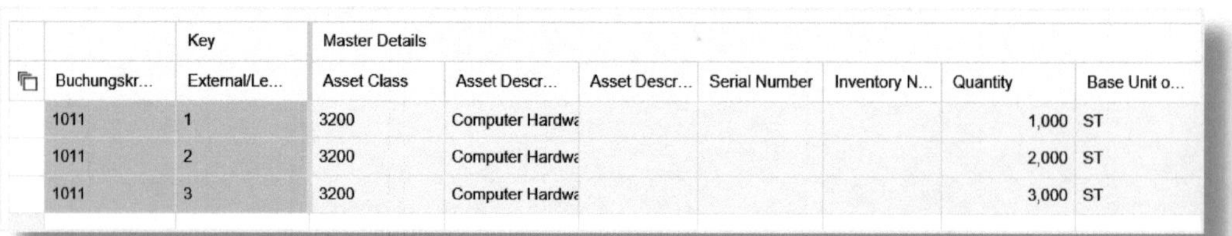

	Key	Master Details						
Buchungskr...	External/Le...	Asset Class	Asset Descr...	Asset Descr...	Serial Number	Inventory N...	Quantity	Base Unit o...
1011	1	3200	Computer Hardwa				1,000	ST
1011	2	3200	Computer Hardwa				2,000	ST
1011	3	3200	Computer Hardwa				3,000	ST

Abbildung 6.27: Migrationsobjekt »Anlage« – Datenübersicht

Nach erfolgreicher interner Prüfung bzw. Abstimmung muss die Datei aktiviert werden, um den Übertragungsprozess nach SAP S/4HANA zu starten (Schaltfläche AKTIVIEREN in Abbildung 6.26).

Hochladen und Übertrag/Validierung

Im Zuge des Migrationsprozesses sind zwei Schritte zu unterscheiden:

1. Hochladen: Damit ist der Upload der im Vorsystem bereinigten Daten in das SAP-S/4HANA-System gemeint.

2. Übertrag/Validierung: Mit dem Übertrag der Daten in die SAP-HANA-Tabellen erfolgt gleichzeitig eine Datenvalidierung, welche die Konsistenz der Quelldatei(en) überprüft.

Die Datenübertragung für aktivierte Dateien wird über die Schaltfläche ÜBERNAHME STARTEN angestoßen (siehe Abbildung 6.28).

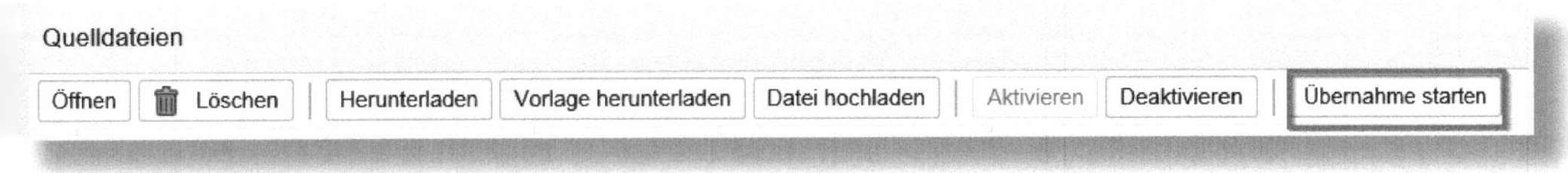

Abbildung 6.28: Datenübernahme starten

Zu Beginn des Übertragungsprozesses werden die Daten validiert. Nach Abschluss der Validierung werden Fehler-, Informations- bzw. Erfolgsmeldungen angezeigt (siehe Abbildung 6.29).

Der Datenübertragungsvorgang muss so oft wiederholt werden wie Fehler auftreten, die durch das Ändern der Mapping-Regeln beseitigt werden können.

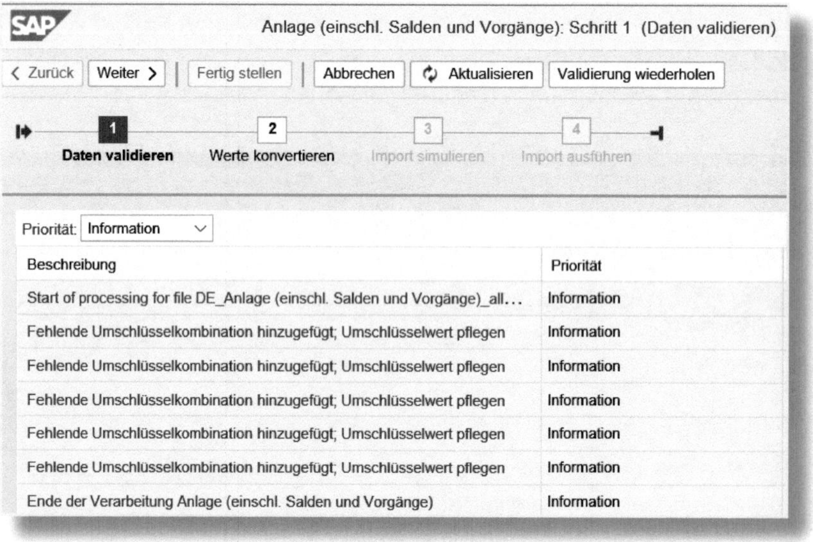

Abbildung 6.29: Datenvalidierung – Meldungen

Im darauffolgenden Schritt »Werte konvertieren« werden jene Felder angezeigt, für die noch keine Mapping-Regeln vorhanden sind. Durch Markieren der entsprechenden Zeile und Betätigen des Buttons AUFGABE BEARBEITEN können die fehlenden Regeln ergänzt werden (siehe Abbildung 6.30).

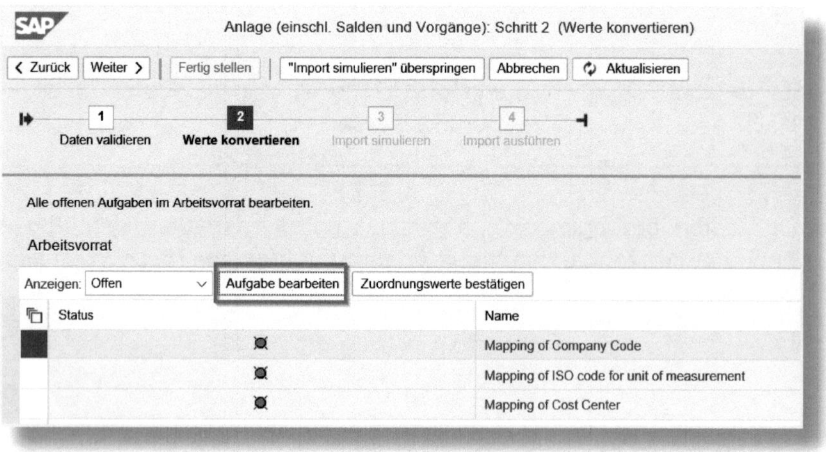

Abbildung 6.30: Mapping-Regeln bearbeiten

Anschließend ist das Mapping zu prüfen und zu bestätigen.

Nach erfolgreichem Import der Daten zu unserer Beispielanlage wird der MIGRATIONSSTATUS automatisch auf *Abgeschlossen* gesetzt (siehe Abbildung 6.31).

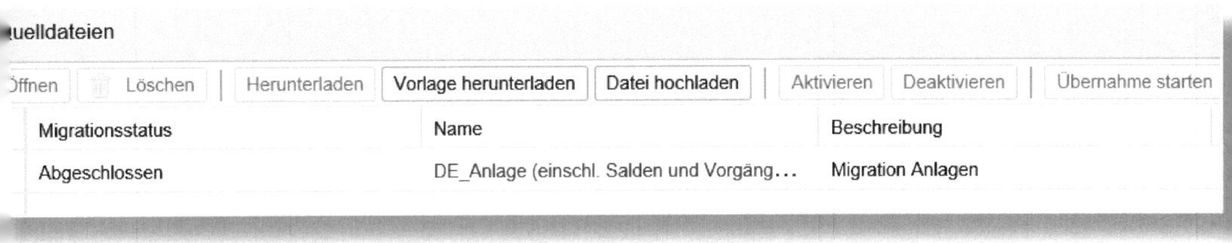

Abbildung 6.31: Migrationsstatus abgeschlossen

Änderungsfunktionalität im Migrationscockpit

In der Transaktion LTMC gibt es aktuell (SAP S/4HANA Version 1809) noch keine Änderungsfunktionalität für die hochgeladenen Daten. Sobald diese importiert sind, können Sie sie mit dieser Transaktion also nicht mehr bearbeiten. Stattdessen muss die Transaktion *OA02 (Substitution Massenänderung Anlagen)* oder ein kundeneigenes ABAP-Programm verwendet werden.

Neben den Tätigkeiten im Migrationscockpit sind vorab einige Customizing-Aktivitäten in der Anlagenbuchhaltung durchzuführen (Greenfield-Ansatz). Dies betrifft die Festlegung des ÜBERNAHMEDATUMS sowie die FI-BELEGART, die Sie beim Buchen der Anlagenwerte in die Finanzbuchhaltung benötigen. Die Einstellungen werden pro Buchungskreis in der Anlagenbuchhaltung über die Transaktion *FAA_CMP_LDT* vorgenommen (siehe Abbildung 6.32).

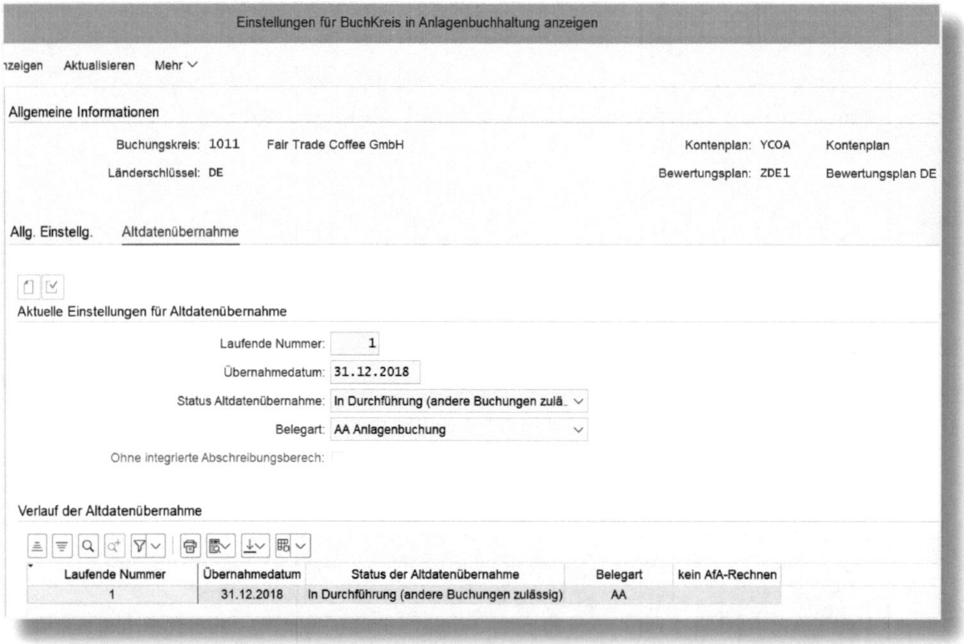

Abbildung 6.32: Transaktion »FAA_CMP_LDT«

Anschließend ist der Geschäftsjahreswechsel durchzuführen, sofern ein Go-Live-Datum zu Beginn des Jahres geplant ist. In unserem Beispiel gehen wir von einem Go Live am 01.01.2019 aus. Daher muss der Saldovortrag für das Geschäftsjahr 2018 durchgeführt werden, um die Anlagenwerte ab dem 31.12.2018 laden zu können (Transaktion *FAGLGVTR*). Bei einer unterjährigen Migration muss die letzte im Altsystem gebuchte Periode angegeben werden. Darüber hinaus ist bei der Datenübernahme in SAP die Einrichtung von Gegenkonten für die Altdatenübernahme erforderlich sowie die zu verwendende Belegart für die Migrationsbuchungen festzulegen. Die Customizing-Pfade für die oben genannten Aktivitäten bzw. die Altdatenübernahme in der Anlagenbuchhaltung finden Sie im Anhang dieses Buches.

Sobald die Migration unserer Anlage abgeschlossen ist, sind die übernommenen Daten mit dem Altsystem abzustimmen. Eine der wichtigsten Änderungen in S/4HANA ist, dass bei der Migration die Hauptbuchkonten automatisch mit den Anlagenwerten aktualisiert werden. Es sollte sichergestellt werden, dass die Anlagenbuchbestände insgesamt, aber auch gefiltert nach Anlagenklassen mit den Hauptbuchkonten übereinstimmen.

Migrationsobjekt-Modellierer

Der S/4HANA-Migrationsobjekt-Modellierer (engl.: Migration Object Modeler) ist eine Anwendung, die im Migrationscockpit eingesetzt wird und die die Möglichkeit bietet, Migrationsobjekte nach kundenindividuellen Bedürfnissen anzupassen. Der Aufruf dieser Applikation in SAP GUI erfolgt mit der Transaktion *LTMOM*. Abbildung 6.33 zeigt das Migrationsobjekt »Anlage«, dessen Quell- und Zielstrukturen beispielsweise durch Hinzufügen von neuen Feldern kundenspezifisch angepasst werden können.

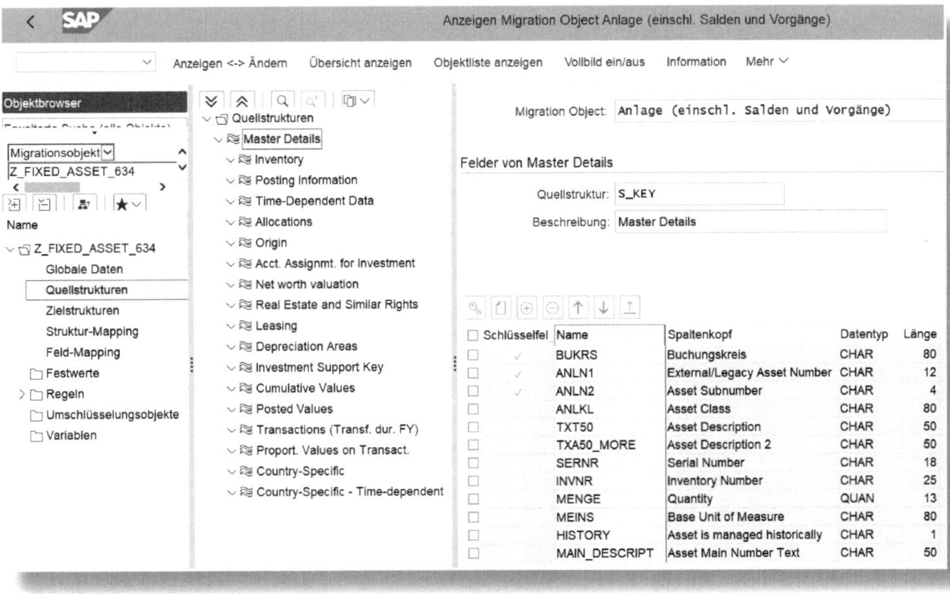

Abbildung 6.33: Migrationsobjekt-Modellierer

6.3 Manuelle Übernahme von Anlagen

Eine manuelle Übernahme von Anlagen aus dem Altsystem kommt grundsätzlich nur bei einer sehr geringen Anzahl von Anlagen in Betracht.

Die Anlagenstammsätze für die Altdatenübernahme werden wie bisher mit der Transaktion *AS91* angelegt.

Die Möglichkeit, Werte zu buchen, wurde in S/4HANA (im Vergleich zu SAP ERP 6.0) deaktiviert (Button ÜBERNAHMEWERTE ist nicht mehr verfügbar). Stattdessen wird für die Buchung der Bewegungsdaten die neue Transaktion *ABLDT* verwendet (siehe Abbildung 6.34).

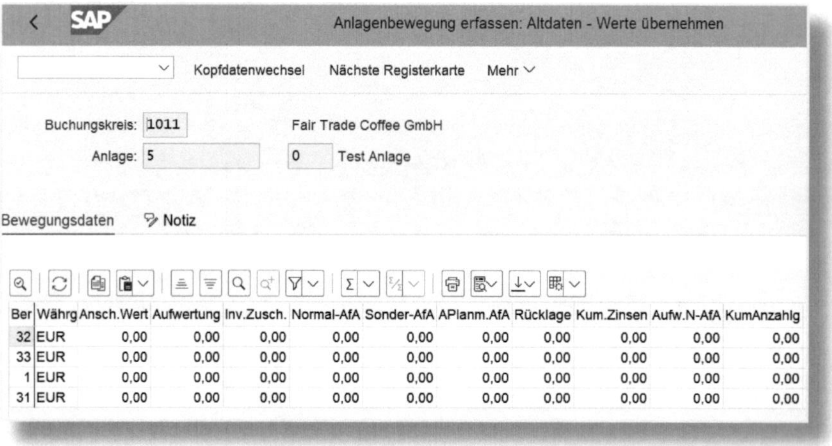

Abbildung 6.34: Transaktion »ABLDT«– Anlagenbewegungen erfassen

Dabei wird eine Universal-Journal-Buchung für das Anlagevermögen erzeugt. Die Salden müssen nicht mehr nachträglich in SAP FI erfasst werden. Stattdessen wird mit der Transaktion ABLDT sowohl die Anlage in FI-AA als auch das entsprechende FIBU-Konto im Hauptbuch mit demselben Betrag aktualisiert. Bei einer unterjährigen Übernahme können Sie zudem die Bewegungen des aktuellen Jahres gleichzeitig buchen (kumulierte Abschreibung, die im laufenden Jahr gebuchte Abschreibung). Sollten versehentlich falsche Werte gebucht worden sein, dann müssen Sie die Journalbuchung mit Transaktion *AB08* stornieren und anschließend neu erstellen. Mit der Transaktion *AS92* können Sie Anlagenstammdaten ändern, die Transaktion *AS93* dient zu deren Anzeige und mit der Transaktion *AS94* können Sie Unternummern zum Anlagenstammsatz erzeugen.

6.4 Altdatenübernahme mittels BAPI

Für die Übernahme der Anlagendaten können Sie alternativ zum Migrationscockpit den Funktionsbaustein *BAPI_FIXEDASSET_OVRTAKE_CREATE* verwenden. Dieses BAPI stand bereits vor S/4HANA zur Verfügung und wurde vollständig an die neue Logik (Universal Journal) angepasst. Es erzeugt in einem Schritt sowohl den Stammsatz als auch die unter S/4HANA zwingend erforderliche Übernahmebuchung (Transaktion *ABLDT*). Wie in Abbildung 6.35 ersichtlich wird, können mit der Tabelle CUMULATEDVALUES kumulierte Werte übernommen werden.

Parametername	Kurztext	Bezugstyp
DEPRECIATIONAREAS	Bewertungsbereiche	BAPI1022_DEP_AREAS
DEPRECIATIONAREASX	Änderungsparameter für Bewertungsbereiche	BAPI1022_DEP_AREASX
INVESTMENT_SUPPORT	Investitionsförderschlüssel	BAPI1022_INV_SUPPORT
EXTENSIONIN	Kundenerweiterungen	BAPIPAREX
CUMULATEDVALUES	Kumulierte Werte	BAPI1022_CUMVAL
POSTEDVALUES	Gebuchte Werte	BAPI1022_POSTVAL
TRANSACTIONS	Bewegungen bei unterjähriger Übernahme	BAPI1022_TRTYPE
PROPORTIONALVALUES	Anteilige Werte zu Bewegungen	BAPI1022_PROPVAL
RETURN	BAPI Return Tabelle	BAPIRET2
POSTINGHEADERS	Kopfinformation für unterjährige Buchungen Altd_	BAPI1022_POSTINGHEAD_

Abbildung 6.35: Werteübernahme mit BAPI

Das BAPI rufen Sie mit einem benutzerdefinierten Programm (Z-Programm) auf. Sie können auch den Transaktionscode *AS100* verwenden, um die Anlage hochzuladen. Da diese Transaktion intern dasselbe BAPI aufruft, entspricht sie automatisch der neuen Logik von S/4HANA.

Bevor Sie die Altdaten übernehmen, ist die Aktivierung der neuen Anlagenbuchhaltung, die Hinterlegung eines Übernahmekontos gegen das die jeweiligen AHKs und die kumulierte Abschreibung gebucht werden, sowie die Angabe der Belegart für die Übernahmebuchung erforderlich.

7 Fazit

Wie in den vorangegangenen Kapiteln dargestellt, bietet SAP S/4HANA im Finanzbereich wesentliche Neuerungen. Der Zusammenschluss der finanzrelevanten Informationen in der neuen Anlagenbuchhaltung führt zu übersichtlicheren Strukturen, rascheren Abschlüssen und erweiterten Auswertungsmöglichkeiten.

Aus der Zusammenführung von Haupt- und Anlagenbuchhaltung ergeben sich wesentliche Vorteile:

- Die Anlagenbuchhaltung ist zu jeder Zeit mit dem Hauptbuch abgestimmt. Dies hat zur Folge, dass mühsame Abstimmarbeiten zwischen Anlagenbuchhaltung und Hauptbuch der Vergangenheit angehören.
- Echtzeitbuchungen auf alle Ledger ermöglichen, dass stets die neusten Daten zur Verfügung gestellt werden können. Damit kann jederzeit ein aktuelles und aussagekräftiges Reporting garantiert werden, welches zu schnelleren Periodenabschlüssen führt.
- Die Ablösung der Delta-Bewertungsbereiche bedingt eine klarere Strukturierung und den Wegfall von Datenredundanzen.

Darüber hinaus ermöglicht die Einführung der neuen Benutzeroberfläche SAP Fiori einen intuitiven Zugriff in Echtzeit auf eine Vielzahl von Anwendungen über unterschiedliche Endgeräte – und das nicht nur im Bereich der Anlagenbuchhaltung. Dies führt wiederum zu einer erhöhten Prozesstransparenz sowie gesteigerten Produktivität von Mitarbeitern und Führungskräften.

Um die Vorteile von S/4HANA nutzen zu können, ist eine Migration der bestehenden Daten in die HANA-Umgebung unumgänglich. Dies erfordert neben der Bereitstellung von fachlichem Know-how und technischen Ressourcen eine sorgfältige wie detaillierte Vorbereitung und Planung – unabhängig vom gewählten Migrationsansatz.

8 Anhang

Mit der Einführung von SAP S/4HANA ist in nahezu allen Bereichen eine Vielzahl der bisher bekannten Transaktionen nicht mehr nutzbar. Tabelle 8.1 zeigt eine Gegenüberstellung der wichtigsten alten und neuen in S/4HANA verwendeten Transaktionscodes, Programme (Reports) sowie technischen Tabellen für die Anlagenbuchhaltung.

Eine vollständige Auflistung aller Änderungen kann der Simplification List für SAP S/4HANA (Version 1809) (*https://help.sap.com/doc/f45c88b65643403d97682484273216d0/1809.000/en-US/SIMPL_OP1809.pdf*) entnommen werden.

Alte Transaktion	Bezeichnung	Neue Transaktion
ABF1/ABF1L	Differenzen in Anlagenbuchhaltung buchen	Obsolet
ABST/ABST2/ ABSTL	Abstimmung Anlagen mit Hauptbuch	Obsolet
AB02	Änderungen Anlagenstamm	FB02
ASKB	Periodische Bestandsbuchungen	Obsolet
AJRW	Saldovortrag – FI zentral	FAGLGVTR
AW01_AFAR	Asset Explorer	AW01N
OASV	Übernahmebuchung erfassen	Obsolet
RAABST01	Abstimmung Anlagen mit Hauptbuch	Obsolet
RAABST02	Abstimmung Anlagen mit Hauptbuch	Obsolet
RAALTD01	Altdatenübernahme Anlagenbuchhaltung	Obsolet
RAALTD11	Datenimport Anlagenbuchhaltung	Obsolet

Alte Transaktion	Bezeichnung	Neue Transaktion
RABEST01	Anlagenbestand	RABEST_ALV01
RAGITT01	Anlagengitter	RAGITT_ALV01
RAHAFA01	Abschreibungen	RAHAFA_ALV01
RAJAWE00	Anlagen-Jahres-wechsel	Obsolet
RAPERB2000	Periodische Anlagen-buchungen	Obsolet
RAPOST2000	Buchen der Abschrei-bungen	FAA_DEPRECIATION_POST

Tabelle 8.1: Übersicht über geänderte Transaktionen und Reports

Die Änderungen in den Transaktionen bzw. Reports sind auf das neue Datenmodell in S/4HANA zurückzuführen.

In Tabelle 8.2 finden Sie einen Überblick über die Tabellen in der Anlagenbuchhaltung, die in die Tabelle ACDOCA (Universal Journal) oder die Tabelle BKPF (Belegkopf) aufgenommen wurden. Statistische Daten (z.B. Steuer) sowie Plandaten (z.B. geplante Abschreibung) werden in S/4HANA in den dort angeführten Tabellen abgespeichert.

Alte Tabelle	Bezeichnung	Neue Tabelle
ANEA	Anlagen Einzelposten anteilige Werte	ACDOCA
ANEA	Statistische Daten	FAAT_DOC_IT
ANEK	Belegkopf Anlagen-buchung	BKPF
ANEP	Anlagen Einzelposten	ACDOCA
ANEP	Statistische Daten	FAAT_DOC_IT
ANLC	Anlagen Wertfelder	ACDOCA
ANLC	Plandaten	FAAT_PLAN_VALUES
ANLP	Anlagen Periodenwerte	ACDOCA
ANLP	Statistische Daten	FAAT_DOC_IT
ANLP	Plandaten	FAAT_PLAN_VALUES

Tabelle 8.2: Übersicht über geänderte Tabellen

Die Customizing-Pfade für die Altdatenübernahme in der Anlagenbuchhaltung können Sie Tabelle 8.3 entnehmen.

Customizing-Aktivität	Bezeichnung/Menüpfad
Customizing für die Altdatenübernahme in der Anlagenbuchhaltung	IMG • FINANZWESEN • ANLAGENBUCHHALTUNG • DATENÜBERNAHME ANLAGEN • PARAMETER FÜR DIE ÜBERNAHME • ÜBERNAHMEDATUM UND WEITERE PARAMETER FESTLEGEN (Transaktion FAA_CMP_LDT)
	IMG • FINANZWESEN • ANLAGENBUCHHALTUNG • DATENÜBERNAHME ANLAGEN • PARAMETER FÜR DIE ÜBERNAHME • GEGENKONTO FÜR ALTDATENÜBERNAHME FESTLEGEN
	IMG • FINANZWESEN • ANLAGENBUCHHALTUNG • DATENÜBERNAHME ANLAGEN • PARAMETER FÜR DIE ÜBERNAHME • BEWEGUNGSARTEN FÜR ÜBERNAHME OFFENER POSTEN DEFINIEREN (Transaktion AO79)

Tabelle 8.3: Customizing-Pfade für Altdatenübernahme Anlagenbuchhaltung

Die wichtigsten SAP-Hinweise für die Anlagenbuchhaltung in S/4HANA finden Sie in Tabelle 8.4.

SAP-Hinweis	Bezeichnung
1939592	SFIN: Vorprüfungsreport zum Migrieren in neue Anlagenbuchhaltung
1968305	S2I: Report zur Prüfung der neuen Anlagenbuchhaltung sollte keine inaktiven Buchungskreise prüfen
2014219	Altdatenübernahme unter SAP_FIN 720
2137314	Joint-Venture-Rechnungswesen mit SAP Simple Finance powered by SAP HANA
2208321	FAQ Altdatenübernahme unter SAP_FIN 720 und den Folge-Releases

SAP-Hinweis	Bezeichnung
2220152	Ledgerlösung und neue Anlagenbuchhaltung: Abweichende Geschäftsvariante bei paralleler Bewertung
2304473	Neue Anlagenbuchhaltung: Abstimmung der Altdatenübernahme
2403248	FI-AA (neu): Verfügbarkeit von RAFABNEW
2406313	FI-AA: Deaktive Buchungskreise bei der Migration nach S/4HANA
2429781	Buchungskennzeichen 3 in der Anlagenbuchhaltung
2491629	FI-AA (neu): Neubewertung
2580972	Offene-Posten-Verwaltung für Verrechnungskonto für den nicht integrierten Anlagenzugang (Workaround)
2606994	Report zum Transfer gebuchter Abschreibungen von Bestandskonten nach Änderung der Kontenfindung bei Buchungskennzeichen 3
2618023	Migrationsvorbereitende Prüfungen für FI-AA: Fehlermeldungen und mögliche Lösungen

Tabelle 8.4: SAP-Hinweise für die Anlagenbuchhaltung in S/4HANA

A Über die Autoren

Michael Eckel ist seit 1998 im Bereich Rechnungswesen bzw. SAP Finance als Anwendungsbetreuer und Consultant tätig.

In dieser Zeit hat er mehrere umfangreiche Projekte bei diversen Großunternehmen in den unterschiedlichsten Branchen wie etwa der Logistik-, Banken- und Telekommunikationsbranche durchgeführt. Sein aktueller Schwerpunkt liegt auf SAP S/4HANA bzw. auf Systemumstellungen in diesem Umfeld. Vor seiner beruflichen Laufbahn hat Michael Eckel Betriebswirtschaftslehre an der Wirtschaftsuniversität Wien studiert.

Nergiz Köksal hat im Jahr 2000 das Studium der Betriebswirtschaftslehre an der Wirtschaftsuniversität Wien abgeschlossen und ist seit 2001 im Bereich SAP Finance als zertifizierte SAP-Consultant tätig. Darüber hinaus verfügt sie über eine Ausbildung in Wirtschaftsrecht und Change Management.

Im Verlauf ihres beruflichen Werdegangs war sie bei vielen komplexen SAP-Projekten im In- und Ausland als Consultant beschäftigt und übernahm dabei diverse Projekt- und Teilprojektleitungen.

Aktuell liegen ihre Schwerpunkte auf SAP ERP Finance und SAP S/4HANA sowie auf Systemumstellungen.

B Index

N

O

P

R

S

C Disclaimer

Weitere Bücher von Espresso Tutorials

Claus Wild:

Neuerungen im Kontoauszug in SAP® ERP – 2., erweiterte Auflage

- elektronische Kontoauszugsverarbeitung in SAP für Fortgeschrittene
- Zahlungsavisen (EhP 5) und neue Funktionalitäten zur Nachbearbeitung ab SAP EhP 6
- XML-basierte Kontoauszüge, Sammelgutschriften, SWIFT MT942
- 2. Auflage inklusive praxisnaher Videos zur Anwendung und zum Customizing

http://5115.espresso-tutorials.com

Stephan Eichenberg, Karl-Heinz Sahm:

Anwenderhandbuch FI-CAX (SAP®-Debitorenbuchhaltung) – 2., erweiterte Auflage

- Vertragskontokorrent (FI-CAX) versus klassische Debitorenbuchhaltung (FI-AR)
- Verwaltung der offenen Forderungen und Zahlungen
- Integration mit Hauptbuch, Vertrieb und CRM
- Auswirkungen von S/4HANA auf FI-CAX

http://5195.espresso-tutorials.de